양승룡 교수의

희망농업 콘서트

책넝쿨

2015년 초 우리 쌀 시장이 관세화를 통해 완전 개방되고, 연말에는 중국과의 자유무역협정이 발효됨에 따라 한국 농업은 말 그대로 백척 간두의 벼랑 끝에 서게 됐다. 대학교수들은 2015년도 올해의 사자성어로 1위 혼용무도(昏庸無道), 2위 사시이비(似是而非)를 선정했다. 혼용무도는 '어리석고 무능한 군주로 인해 세상이 암흑에 뒤덮인 것처럼 온통 어지럽고 길이 보이지 않는 것'을 의미하며, 사시이비는 '겉은 옳은 것 같으나 속은 그르다'는 뜻으로 공정하고 객관적이라 주창되는 정부의 각종 정책이 실제로는 그렇지 않음을 의미한다.

오늘의 한국 농업에 이보다 더 적확한 표현이 있을까? 무책임하고 무능한 정부로 인해 우리 농업이 길을 잃고 끝없이 쇠락하고 있다. 창조농업이나 6차 산업화 등 화려한 수사만으로는 절체절명의 위기에 놓인 한국농업을 회생시키기는 어렵다. 중국을 비롯해 미국·캐나다·유럽·호주·뉴질랜드 등 세계 최강의 농업선진국과 자유무역을 체결한 한국 농업은 전 세계에서 가장 생산성 높은 농민들과 경쟁해야 한다는 것을 의미한다. 우리 농민들은 과연 살아남을 수 있을까? 우리 앞에 놓인 선택과 전략은 무엇일까?

무엇보다 한국 농업이 처한 현 상황을 현란한 수사나 과장된 자신감이 아니라, 사실 그대로 직시하여 이해하는 것이 우선되어야 한다. 이를 바탕으로 새로운 패러다임을 설정하고 지속가능한 발전전략을 모색해야 한다. 이러한 숙명적 과제 앞에 대학에 몸담고 있는 교수로서 필자가 할 수 있는 일은 정부의 무책임한 농업철학과 비효율적인 농정제도를 비판하고 메아리 없는 대안을 제시하는 일일 수밖에 없음을 고백하지 않을 수 없다. 그럼에도 불구하고 기댈 곳 없는 농업을 위해 최선을 다해 소리치지 않을 수 없다. 이 책은 그런 고군분투의 투영물이다.

〈희망농업 콘서트〉는 필자가 2009년 이후 농민신문의 '양승룡 칼럼'을 비롯한 여러 지면에 기고한 글을 하나의 주제로 엮은 책이다. 필자는 2009년 이전의 글을 모아 칼럼집 〈농업, 거의 모든 것의 역사〉

를 출간한 적이 있다. 농업이 인류 발전의 근본이었고 앞으로도 그 럴 것이라는 메시지를 담고 싶었다. 그러나 우리 농업은 더욱 퇴락하고 현장에서 만난 농민들의 절망감은 옆에서 지켜보기 안타까운 슬픔이었다.

그러나 우리는 농업을 포기할 수 없다. 한국 농업은 다시 일어서야한다. 물론 지속가능한 방식으로 다시 꿈꾸는 농업이 되기 위해서는 농정이 잠에서 깨야 한다. 농업의 현실과 한계를 직시하고 지난 농정의 실패를 인정해야 한다. 그래야 새로운 패러다임이 제시되고 꿈꾸는 농업을 위한 전략이 제시될 수 있다. 아무쪼록 이 졸고가 그런 위대한 여정에 조그만 힘이 되기를 소망한다.

이 책을 편집하는 과정에서 기고문을 소주제에 따라 정리하고 어려운 용어나 중요한 개념에 대한 해설을 다느라 애써 준 이춘수 연구원과 김상덕 박사에게 심심한 사의를 표한다.

2016. 3.
안암동 일운재에서
양 승 룡

꿈을 주는 희망농정

CONTENTS

PART
02
농업 개혁의 길

 5장 농산물유통 개혁, 제대로 하자

 6장 농협 개혁, 원점에서 다시 시작하자

PART

01

다시
꿈꾸는 농업

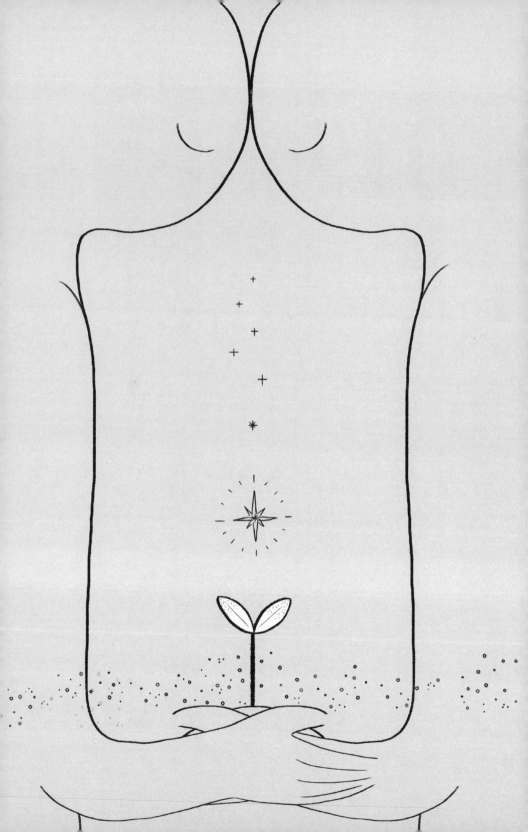

제 1 장
자본주의 4.0과 농업

자본주의 이야기 ①
우리는 어떤 자본주의를 원하는가? (농민신문 2011. 1. 17)

자본주의 시장경제는 대한민국의 핵심 운영체계이다. 그런데 이 시스템은 자주 비인간적이라 비난 받는다. G20 정상회의 개최로 선진국 문턱에 선 우리는 우리의 자본주의가 어떤 모습을 하고 있고, 우리 자식세대에게 어떤 세상을 물려줄 것인지를 진지하게 고민하지 않을 수 없다.

도대체 자본주의가 무엇일까? 자본주의를 이해하기 위해서는 먼저 자본이 무엇인지 이해해야 한다. 우리는 흔히 자본을 '투자를 위한 돈이나 자산'정도로 이해한다. 그러나 자본은 본래 '우회적 생산수단'을 의미한다. 우회생산은 기본 생산요소인 토지나 노동을 소비재 생산에 전부 사용하지 않고 그 일부를 '중간생산재' 생산에 우회적으로 사용한 다음, 그 생산재를 이용해 최종 소비재의 생산을 증가시키는 생산방식을 말한다. 예를 들면, 맨손으로 매일 세마리의 물고기를 잡는 어부가 노동의 일부분을 들여 그물을 만들고 이를 이용해 30마리의 물고기를 잡는 것이 우회생산이다. 이때 그물이 자본재이다.

이렇게 훌륭한 개념의 자본주의가 왜 많은 사람들로부터 비난을 받을까? 그것은 우회생산으로 증가된 생산 또는 이익이 생산 과정에 투입된 노동과 자본의 소유자에게 공평하게 분배되지 않고 자본가에게 더 많이 분배되기 때문이다. 산업혁명 초기 인클로저 운동❶으로 농지에서 쫓겨난 수많은 농민들이 도시노동자가 되면서 생계를 유지하려는 노동자는 넘쳐나는 반면, 자본재를 소유한 자본가는 적어 힘의 불균형이 생겼다. 이러한 힘의 불균형은 분배의 불균등을 가져오고, 이는 다시 더 큰 힘의 불균형을 초래했다. 자본주의 경제가 성장할수록 분배의 불균등이 발생하는 것은 자본주의에 내재된 현상이다. 그리고 이러한 불균등 분배를 합리화시킨 것은 공리주의와 시장경쟁을 근간으로 하는 고전주의 경제학이다.

자유경쟁과 이기심 등의 개념으로 무장한 고전주의 경제학은 효율을 가장 중요한 가치로 추구한다. 효율이란 가장 적은 자원(비용)으로 가장 많은 산출(이윤)을 얻는 것을 의미한다. 여기에 공리주의❶는 가장 효율적인 것이 사회적으로 가장 좋은 것이라고 주장한다. 소수의 고통보다 다수가 얻는 이득이 크면 좋은 것이며, 심지어는 다수의 고통이 있더라도 소수의 이득이 크면 선이 되는 것이다. 그러나 그것은 자연의 법칙이고, 정글의 법칙이다. 효율지상주의는 인간을 단순한 노동으로 전락시키고 자본의 대체재로 만들어 버린다. 그 결과 승자독식사회, 20 대 80 사회, '일등만 기억하는 더러운 세상'이 탄생했다.

고속도로에 나가면 종종 이런 현상을 본다. 멋진 차들이 서로 경쟁하듯 S자로 가로지르고, 경적을 울리고, 급정거와 급발진을 반복한다. 아마 그들은 그러한 노력으로 한 10분 빨리 도착할 수 있을지 모른다. 그러나 그들은 같은 고속도로를 사용하는 대다수의 차량들에게 위협이 되고, 정체를 일으키며, 때로는 사고를 유발해 결과적으로 전체에 부담이 된다.

효율 만을 추구하는 자본주의는 이와 같다. 우리에게 필요한 것은 인간의 법칙이 작동하는 자본주의다. 이를 위해 자본주의 시스템에 정의라는 요소를 포함시켜야 한다. 최근 세간에 정의가 화두로 등장한 이유는 많은 사람들이 정의를 갈망하기 때문일 것이다. 정의란 "인간이 인간의 존엄성을 지키며 살 수 있게 하는 것"으로 정의할 수 있다. 공평한 분배와 공정한 경쟁이 효율과 균형을 이룰 때 비로소 인간적인 자본주의를 만들 수 있다. 우리가 희망하고 노력하면 이뤄질 것이다.

인클로저 운동(Enclosure movement)

유럽에서 개방 경지나 공유지, 황무지를 울타리나 돌담으로 둘러놓고 사유지임을 명시한 운동으로 중세 말부터 19세기까지 유럽, 특히 영국에서 활발하게 진행되었다. 제1차 인클로저운동은 15세기 말에서 17세기 중반까지 지주들이 양모생산을 위하여 경지를 목장으로 전환시킨 운동으로 농민실업과 이농, 농가 황폐화, 빈곤 증대 등을 야기하였다. 제2차 인클로저운동은 18세기 후반에서 19세기 전반에 걸쳐 인구 증가로 식량 수요가 급증하여 정부 주도하에 이루어졌는데 농민의 임금 노동자화를 촉진시켰다.

[출처 : 시사상식사전, 박문각, 편집]

공리주의(Utilitarianism, 功利主義)

벤덤(Bentham, J.)에 의해 완성되어 19세기 전반 영국을 지배한 사회사상으로 인간의 도덕적 행위의 기초를 개인적 이익에서 구하여 최대다수의 최대행복을 도덕 및 사회철학의 기본원리로 삼았다. 공리주의는 경제적으로 자유방임을 주장하여 국가의 간섭을 배제하고, 국가의 기능을 개인소유권 보호에 국한시켜 국가 활동은 최소한의 필요에 그쳐야 한다고 주장하였다. 이에 자본주의적 경제질서가 완전히 자립화하여 확립되는 단계의 시민계급의 사상으로 평가된다. 19세기 영국에서는 시민계급의 정치 참여를 가로막는 하원의 구성방법(선거법)이 오랫동안 개선되지 않았는데, 공리주의자들은 정치적인 면에서도 시민계급의 지배가 달성되기를 원했기 때문에 철학적 급진자로 불리기도 한다. 또한 그들은 자본주의를 전폭적으로 신뢰하는 가운데 노동자계급의 빈곤은 노동인구를 임금기금에 알맞도록 조절함으로써 회피할 수 있다고 생각하고 자본축적이 무한히 이루어질 수 있다고 낙관하였다.

[출처 : 경제학사전, 경연사, 편집]

자본주의 위기와 협동조합 대안 <small>(농민신문 2011. 1. 31)</small>

1989년 구소련의 붕괴로 승승장구하던 자본주의가 2008년 미국의 서브프라임❶ 사태로 위기를 맞고 있다. 경제학계에선 자본주의의 이론적 토대였던 신자유주의❶ 경제학에 대한 반성과 함께 새로운 경제학에 주목하고 있다.

엘리노어 오스트롬은 2009년 여성 최초로 노벨경제학상을 수상한 인디애나대학의 정치학 교수다. 정치학 교수가 노벨경제학상을 받은 것도 이색적이지만, 그녀의 업적은 소위 '공유지의 비극'에 대한 공동체 해법을 체계화했다는 데 있다. 공유지의 비극이란 산림, 공기 등 특별히 주인이 없는 공유지는 약탈적 사용으로 인해 필연적으로 황폐화된다는 이론으로, 이를 해결하기 위해 공유지를 사유화하거나 정부 관리 하에 둔다는 것이 기존 경제학의 정설이었다.

신자유주의 한계 해법은 공동체

오스트롬은 공유지 문제를 사용자들의 공동체적 접근으로 해결할 수 있음을 증명해 보였다. 공동체 해법은 사적인 이윤 동기가 해결하지 못하거나, 그것이 만들어 내는 많은 문제들의 대안이 될 수 있다. 오스트롬 교수의 노벨경제학상 수상은 신자유주의 경제학의 한계에 대한 인식과 자본주의 시스템의 대안에 주시했다는 점에서 의

미심장하다.

자유경쟁과 사유재산에 기초한 자본주의 경제체제의 기본요소는 기업이다. 기업은 자본과 노동을 결합해 이윤을 극대화하는 것을 목적으로 영위되는 경제기구이다. 이때 이윤은 노동에 대한 보수, 즉 임금을 지불하고 남은 몫이다. 그런데 임금을 결정하는 힘이 자본가에게 있다. 자본가가 기업의 주인이라는 인식 때문이다. 이는 법적으로도 보장된다. 이것이 노동자와 자본가가 대립하는 근본적인 이유이며, 자본주의 문제의 출발점이다. 기업은 경제활동의 접점에 있는 원료공급자나 소비자와 이윤을 두고 치열한 경합을 한다. 대부분의 경우 시장지배력과 치밀한 마케팅 전략을 가진 대기업이 유리한 입장에 있으며, 이윤의 대부분이 자본가에게 배분된다. 오늘날 자본가들은 전문 경영인을 고용해 도덕적 비난을 피하면서 최대 이윤을 확보할 수 있다. 자본가들은 불황을 만나면 가장 먼저 고용을 줄이거나 보다 싼 노동력을 찾아 이동한다. 전자를 구조조정, 후자를 자본자유화라 부른다. 경쟁이 치열할수록 기업에 인간은 사라지고 노동만 남게 된다.

협동조합은 자본주의의 폐해가 극심했던 19세기 후반 이윤 극대화를 목적으로 하는 민간기업으로부터 농업인이나 소비자를 보호하기 위한 대응방안으로 등장했다. 민간기업이 투자자의 수익을 위해 영위되는 반면 협동조합은 투자자이자 이용자인 조합원의 편익을 위해 운용된다. 일반기업의 의사결정은 자본의 크기에 의해 지배되지만 협동조합은 조합원 1인 1표 주의에 의한 민주적인 지배구조를 형성한다.

협동조합은 사적 영역 공동체 대안

협동조합은 이미 사적 영역에서의 공동체 대안이다. 오늘날 자본주의의 폐해가 심각해지면서 협동조합의 역할과 중요성은 더욱 커지고 있다. 그러나 자본주의 시장경제에서 대규모 자본과 권력으로 무장한 기업과 경쟁해야 하는 협동조합 경영은 매우 어려운 과제가 아닐 수 없다. 급변하는 시장구조와 제도적 불확실성 하에서 협동조합들은 정체성 유지와 생존의 갈림길에서 끊임없이 고민하고 갈등한다. 최근 전 세계적으로 협동조합은 다양한 형태와 구조로 진화하고 있다. 한국의 협동조합도 주변여건과 시장상황에 따라 변화할 수밖에 없다. 협동조합의 나라로 불리는 이탈리아에서는 헌법에 협동조합의 기능과 사회적 역할을 명시해 각종 세제와 제도적 혜택을 보장하고 있다. 공동체 대안을 진정 중요하게 생각한다면 우리도 타산지석으로 삼아야 할 것이다.

용어해설 *i*

서브프라임 사태

2008년 발생한 '서브프라임 모기지 사태'의 약칭으로 미국의 초대형 모기지론 대부업체들이 파산하면서 미국 뿐 아니라 국제금융시장에 신용경색을 불러온 연쇄적인 경제위기를 말한다. 모기지론(mortgage loan, 주택저당대출)은 부동산을 담보로 저당증권을 발행하여 장기주택자금을 대출해 주는 제도이다. 2000년대 초 IT버블 붕괴, 9·11테러, 아프간·이라크 전쟁 등으로 경기가 악화되자 미국은 경기부양을 위해 초 저금리 정책을 펼쳤고, 이에 따라 주택융자 금리가 인하되고 부동산가격이 상승하였다. 이 시기 신용불량계층을 대상으로 하는 서브프라임 모기지론 규모가 대폭 증가하였는데, 2004년 미국이 저금리 정책을 종료하면서 부동산 버블이 꺼지고, 금리가 상승하면서 저소득층 대출자들이 원리금을 제대로 갚지 못하게 된다. 이로 인해 증권화 되어 거래된 서브프라임 모기지론을 구매한 금융기관들이 대출금 회수불능 사태에 빠지게 되고 여러 기업들이 부실화된다. 그러나 미 정부는 이 문제에 대한 개입을 공식적으로 부정했고, 결국 대형 금융사와 증권회사가 잇따라 파산하였다.

[출처 : 위키피디아, 편집]

신자유주의(Neoliberalism , 新自由主義)

1970년대 이후 장기적인 스태그플레이션으로 세계 경제가 불황에 빠지면서 이전 시기 케인스 이론에 기반한 경제정책이 실패한 결과라고 지적하며 대두된 이론이다. 시카고학파로 대표되는 신자유주의자들의 주장은 닉슨 행정부의 경제정책에 반영되어 레이거노믹스의 근간이 되었다. 신자유주의는 자유시장과 규제완화, 재산권을 중시하면서 국가권력의 시장 개입이 경제의 효율성과 형평성을 악화시킨다고 주장한다. 공공복지 확대가 정부의 재정을 팽창시키고, 근로의욕을 감퇴시켜 이른바 '복지병'을 야기한다는 주장도 편다. '세계화'나 '자유화'라는 용어가 신자유주의의 산물로서 세계무역기구(WTO)나 우루과이라운드 같은 다자간 협상을 통한 시장개방의 압력으로 나타나기도 한다. 신자유주의가 확산되면서 케인즈 이론에서의 완전고용은 노동시장의 유연화로 해체되고, 정부가 관장하거나 보조해오던 영역들이 민간에 이전되었다.

[출처 : 두산백과, 편집]

FTA를 다시 본다 (농민신문 2011. 2 .28)

한동안 일방적으로 진행되던 자유무역협정(FTA) 논의에 다시 불이 지펴졌다. 단기필마로 FTA 당위론에 맞선 케임브리지대학교의 장하준 교수 때문이다. 그는 국방부가 금서로 지정해 오히려 인기도서가 된 『나쁜 사마리아인』과 최근의 베스트셀러 『그들이 말하지 않은 23가지 이야기』의 저자이다.

장교수가 일련의 시리즈를 통해 일관되게 펴는 주장은 자유무역의 이점이라는 것이 선진국들의 감언이설이라는 것이다. 미국과 유럽 선진국들이 자본주의 초기에 보호무역을 통해 내수시장과 산업 경쟁력을 키워 선진국이 되고 나서 후발개도국들이 그들을 따라 하지 못하도록 보호무역이라는 '사다리'를 걷어차고 자유무역이 좋다고 설득하고, 때로는 팔을 비틀기도 한다는 것이다.

한·미 FTA는 이러한 사다리 걷어차기의 대표적인 사례로 우리가 만약 1960년대에 자유무역을 택했다면 오늘날 삼성전자나 현대자동차는 없었을 것이라는 다소 거친 전망도 한다. 장교수가 무역 자유화를 금과옥조로 여기는 자유주의 진영의 일방적인 독주에 용기 있게 제동을 걸었지만, 그의 고군분투가 어떤 결과를 초래할지는 미지수다.

자본주의의 역사는 250년에 지나지 않지만 인류 역사상 가장 성공적인 시스템이다. 그러나 자본주의는 홀로 성장한 것이 아니라 공리주의라는 토양 위에 뿌리내린 것이다. 흔히 '최대 다수의 최대 행복'이라는 명제로 유명한 공리주의는 인간행위의 도덕적 근거를 개인의 이익과 쾌락에 두고 개인이나 국가의 행동은 다수의 행복을 극대화하는 방향으로 이뤄져야 한다고 주장한다.

오늘날 경제이론이 효용 극대화로부터 시작하는 것은 주류경제학이 공리주의에 사상적 기반을 두는 것을 의미한다. 신자유주의 경제학은 시장개방을 통해 일부 생산자나 소비자가 손해 볼 수 있지만, 이익이 손해보다 크기 때문에 전체적으로는 이익이며, 따라서 선이라고 주장한다.

그런데 최근 전 세계에 '정의' 신드롬을 가져온 하버드대학교의 마이클 샌델 교수는 공리주의의 도덕적 문제점을 지적하고 있다. 그는 우선 개인의 행복 또는 효용을 어떻게 측정하고 합할 것인지를 묻는다. 개인의 효용을 비교하고 합하기 위해서는 계량 가능한 단일 측정수단이 필요하다. 경제학은 돈을 이용해 이 문제를 해결한다.

개인의 소비나 투자뿐 아니라 국가적 사업도 모두 돈으로 환산해 비용과 편익을 비교한다. 경제성 분석을 해 본 사람들은 이러한 분석이 '귀에 걸면 귀걸이, 코에 걸면 코걸이'임을 알지만 별다른 대안을 찾지 못해 모른 체한다.

FTA를 논할 때마다 등장하는 경제성 분석도 이 문제를 비켜갈 수 없다. 이러한 공리주의적 분석은 FTA로 인한 이익이 누구에게 어떤 방식으로 분배되는지, 돈이 FTA로 인해 피해 본 사람들의 불행을 얼마나 정확하게 대변하는지는 모르쇠로 일관한다. 샌델 교수는 로마 검투사를 예로 들면서 공리주의의 보다 근본적인 문제는 인간의 기본권을 도외시하는 것임을 비판한다.

다수의 행복이 소수의 불행보다 크다 하더라도 그 불행이 생존권이나 인권을 침해한다면 정당하다고 보기 어렵다. 우리는 세계무역기구(WTO)*와 FTA 등 시장개방 과정에서 얼마나 많은 노동자와 농민들이 스스로 목숨을 끊었는지 알고 있다. 농업을 천직으로 여기는 농민의 기본권을 FTA 지원대책이라는 돈으로 사는 것이 과연 정의에 합당할까. FTA를 '효율'의 관점뿐만 아니라 '정의'의 관점에서 봐야 하는 이유다.

세계무역기구(WTO; World Trade Organization)

1994년 4월 15일 세계 125개국 통상 대표가 7년 반 동안 진행해온 우루과이 라운드 협상의 종말을 고하고 '마라케시 선언'을 공동으로 발표함으로써 1995년 1월 정식 출범하여 1947년 이래 국제무역질서를 규율해 오던 '관세 및 무역에 관한 일반협정'(GATT) 체제를 대신하게 되었다. WTO는 GATT 체제에 주어지지 않았던 세계무역 분쟁조정, 관세인하 요구, 반덤핑규제 등 막강한 법적권한과 구속력을 행사할 수 있다. WTO의 최고의결기구는 총회이며 그 아래 상품교역위원회 등을 설치해 분쟁처리를 담당한다. 본부는 제네바에 있다.

[출처 : 매일경제]

당신의 좌표는
어디입니까? (농민신문 2010. 7. 12)

　수일 전 〈농민신문〉에 글을 쓰는 필진 모임에서 한 기자가 이런 얘기를 했다. 농림수산식품부의 모 관료가 필자의 글이 좌파적이라고 했다는 것이다. 순간 10년 가까운 미국 유학 생활을 마치고 귀국한 이듬해 대표적인 진보경제학자 박현채 선생이 작고해 문상갔을 때의 에피소드가 기억났다. 문상을 같이 갔던 동료 왈, "아마 여기서 시장경제학자는 양박사님(필자)밖에 없을 겁니다."

　나를 잘 모르는 사람들로부터의 평가가 재미있기도 하지만, 그 사람들은 자신의 이념적 좌표를 잘 알고 있을까 하는 의문이 들었다. 우리 국민 중에 좌와 우, 진보와 보수의 의미를 정확하게 알고 있는 사람들이 얼마나 될까? 지자체 선거를 앞둔 지난 3월, 시사주간지 〈한겨레21〉은 '당신의 정치인은 어디에 있나요?'라는 기사를 통해 '정치성향 자가진단' 캠페인을 한 적이 있다. 설문에 답한 정치인과 학계, 시민단체 인사 52명의 이념적 좌표를 알고 자신의 좌표에 맞는 정치인에게 표를 주자는 시도였다. 외국의 방법론을 도입해 국내 여건에 딱 들어맞는 것은 아니지만, 정치적 성향을 개인의 자유에 대한 선호와 시장의 자유에 대한 선호로 구성한 매우 흥미로운 이벤트였다.

　우리 정치인들의 이념적 좌표는 어디에 있을까? 횡축에 완전한 시장지상주의는 10점, 공산주의에는 −10점을 주고, 종축에 국가의 이익이 개인의 자유에 우선하는 극단적 파시즘에 10점, 완전한 무정부주의에는 −10점을 주어 2차원으로 구성한 좌표에 놀랍게도 보수적인 학자 두사람을 빼고 설문대상 모두 자유주의 좌파(평균 −5, −5)에 포진됐다. 민주당을 포함한 진보진영 인사들은 말할 것도 없고, 한나라당 인사들도 모두 원점의 왼쪽에 있다. 이는 권위주의 우파에 자리잡고 있는 오바마 대통령을 비롯한 유럽의 정치인들과 뚜렷한 대비가 된다. 좌표상으로만 본다면 우리 정치인들은 모두 좌파적이다. 이를 어떻게 해석해야 할까? 〈한겨레21〉은 우리의 경제발전 과정이 1960년대 이래 줄곧 국가 주도로 이뤄졌기 때문으로 풀이한다. 우리 정치인들은 국가의 개입을 배제하고 시장 메커니즘에만 의존한 경제를 상상하지 못한다는 의미다.

그렇다면 개발독재 시대를 거치지 않은 우리 청소년들의 생각은 어떨까? 필자가 가르치는 〈식품자원경제학개론〉은 신입생들을 대상으로 식량·자원·기후변화 문제 등을 소개하고 해법을 모색하는 과목이다. 학기 초에 수강생들에게 자신의 정치성향을 조사하게 했다. 이들의 이념적 좌표는 시장의 자유 −3.4, 개인의 자유 −2.1로 나타났다. 학기 말에 다시 조사한 결과 시장의 자유 −3.5, 개인의 자유 −1.7로 큰 변화가 없었다. 우리 학생들 역시 좌파적이며, 우리가 사는 세상의 문제를 접근하는 데 정부와 국가의 역할이 중요하다는 인식을 가지는 것으로 해석할 수 있다.

개인의 철학과 가치관을 하나의 좌표로 나타내는 것은 매우 어려울 뿐만 아니라, 자칫 오해를 불러올 수도 있다. 그러나 농업과 농촌을 위한 정부의 개입이 당연하다고 보는 필자의 견해가 좌파적이라면 그렇다고 할 수 있다.

또 농업 문제를 연구하는 학자는 진보적일 수밖에 없다는 것이 필자의 생각이다.

제 2 장
절망하는 농업

개방에 대한
단상 (농민신문 2014. 7. 23)

  채 펴 보지도 못한 수많은 꽃송이들을 삼킨 '세월호' 참사와 이후 대처를 보고 있노라면 안타까움과 분노, 그리고 무기력함에 가슴이 저민다. 이번 사건의 원인과 대처방안에 대해 백가쟁명식의 논쟁이 난무하지만 신뢰가 가지 않는다. 국민의 안녕과 복지를 책임지는 우리 정부의 선의와 능력에 대한 믿음이 없어진 지 오래됐기 때문이다.

  박근혜 대통령은 이 사건을 계기로 국가적 차원의 재난에 시스템적으로 대처할 수 있는 국가안전처를 신설할 것을 천명했다. 그러나 역시 불안한 마음을 달래기 어렵다. 결국 사람이 하는 일이기 때문이다.

고시라는 제도를 통해 선발된 우리 공무원들의 능력은 탁월하지만, 그간 그들이 보여준 행태는 마피아와 다르지 않다고 한다. 소위 박근혜 대통령의 '관피아'론이다. 우리 국민들은 사회 곳곳에서 언제 터질지 모르는 시한폭탄을 안고 사는데 관료들은 각종 이권과 자리를 보전하는 철밥통을 끌어안고 있다는 것이다.

1991년 소련이 붕괴하고 러시아연방이 된 후 흥미로운 뉴스가 보도된 적 있다. 러시아 개혁 · 개방 직후 국가의 생산시설이나 재산은 사유화됐다. 그러나 공산정권 아래에서 세금을 낸 적 없는 신흥기업들이 러시아 정부에 세금 내는 것을 거부하고, 대신 자신들을 보다 잘 보호할 수 있는 마피아에게 보호비를 낸다는 것이었다.

급기야 러시아 정부가 복면을 하고 기관단총으로 무장한 세무경찰을 보내 세금을 강제로 징수하는 사진까지 보도됐다. 이 뉴스를 보면서 의문이 생겼다. 과연 정부와 마피아의 차이는 무엇일까?

오늘날 정부란 국민이 부여한 권한을 이용해 국민에게 봉사하는 집단으로 정의할 수 있다. 반면 마피아는 스스로 부여한 권한을 이용해 고객인 국민을 보호하고 세금을 징구한다. 물론 세금수준도 스스로 정한다.

마피아는 고객을 차지하기 위한 물리적 충돌도 마다하지 않는다. 때로는 보다 많은 이익을 위해 고객을 괴롭히거나 속이기도 한다. 만약 정부가 그 권한을 부여한 국민에게 제대로 봉사하지 못한다면 마피아와 다를 바 없을 것이다.

의문은 꼬리를 문다. 끝없는 시장개방으로 농업을 벼랑 끝에 내모는 정부라면 농업인들은 그 정부를 어떻게 볼까? 우리 정부는 농업을 희생양으로 삼아 전자제품이나 자동차의 수출을 경제성장의 동력으로 삼는 수출위주의 정책을 운영하고 있다. 특정산업의 발전을 위해 다른 산업을 희생시키는 정부의 경제정책은 과연 정당할까? 그런 권한을 누가 부여했을까? 무역자유화로 얻은 이익을 희생당한 산업에 나누어 주는 무역이익공유제를 반대하는 정부는 공평한가?

정부란 절대적인 존재나 권력이 아니라 국민이 권한을 부여할 때 비로소 존재의의가 있는 한시적 조직이다. 정부가 제대로 그 역할을 잘 할 수 있게 하는 것은 물론 국민의 몫이다. 투표를 통해 잘잘못을 따지고 보다 유능한 정부를 선택해야 한다.

60%를 웃돌던 박근혜 대통령의 지지율이 크게 출렁거리고 있다고 한다. 우리 국민은 현 정부에 분명한 메시지를 보내고 있다. 이 시점에서 박근혜 대통령 만들기의 1등 공신이었던 농업인의 지지율이 어떻게 변했을지 궁금해진다.

시진핑 중국 국가주석의 방한으로 한층 가시화된 한·중 자유무역협정(FTA)과 그보다 수십배의 위력을 가진다는 환태평양경제동반자협정(TPP)❶을 일방적으로 추진한다면 과연 우리 농업인들은 이 정부를 어떻게 생각할까?

환태평양경제동반자협정(TPP; Trans-Pacific Partnership)

미국, 일본, 호주, 캐나다, 페루, 베트남, 말레이시아, 뉴질랜드, 브루나이, 싱가포르, 멕시코, 칠레 등 12개국이 참여한 다자간 자유무역협정(FTA)으로 2015년 10월 7일 타결되었다. '예외 없는 관세 철폐'를 추구하는 등 양자 간 FTA 이상으로 높은 수준의 시장 개방을 목표로 하고 있다.

2005년 싱가포르, 뉴질랜드, 칠레, 브루나이 등 환태평양 4개국이 다자간 무역자유화 협정을 체결한 것이 기원이다. 이 협정에는 상품 거래, 원산지 규정, 무역 구제조치, 위생검역, 무역부문의 기술 장벽, 서비스 부문 무역, 지적재산권, 정부조달 및 경쟁정책 등 자유무역협정의 거의 모든 주요 사안이 포함돼 있다. 미국은 모든 무역 장벽을 철폐하겠다는 목표로 TPP를 적극적으로 주도하고 있는데, 강대국으로 부상하는 중국을 견제하고 아시아·태평양 지역에서 영향력을 확대하기 위한 전략적 목표 때문으로 알려져 있다.

[출처 : 한경경제용어사전, 편집]

경쟁력 정책의
경쟁력 제고가 필요하다 (농민신문 2013. 12. 13)

세계 최강의 농업대국인 미국과 유럽, 호주와의 자유무역협정(FTA)에 이어 중국과의 FTA 타결이 초읽기에 진입해 농민들의 숨통을 조여 오고 있다.

그런데 정부는 FTA보다 훨씬 강력한 시장개방을 예고하는 환태평양경제동반자협정(TPP)에도 관심을 표명했다고 한다. 모든 공산품과 농산물의 관세를 철폐하고, 환경·노동·금융 등에 존재하는 모든 비관세장벽을 철폐해 한층 강화된 경제동맹을 추구하는 TPP가 현실이 되면 한국농업에 회생불능의 치명타가 될 것으로 예상된다. 이는 거의 모든 통상전문가들의 한결같은 전망이다. TPP에 가입하는 조건으로 기존의 개방협상에서 제외되었던 쌀은 물론이고, 여타 품목도 즉각적인 관세인하 등 추가적인 시장개방이 요구될 것으로 관측된다.

창조경제와 수출입국을 다시 국정운영의 기치로 내건 현 정부의 철학을 고려할 때 TPP는 현실이 될 가능성이 커 보인다. 우루과이라운드(UR)❶를 비롯한 여러 FTA가 협상과정에서 농민들의 극렬한 저항에도 불구하고 타결된 점을 감안하면, 시장개방에 보다 적극적인 현 정부가 전문가들의 우려나 농민들의 저항에 굴복할 가능성은 매우 낮다.

정부는 오히려 FTA도 잘만 활용하면 한국농업에 좋은 기회가 될 것이라고 미리 공세를 펼치고 있다. 이는 틀린 얘기는 아니지만, 우리 농업의 현실을 도외시한 얘기가 아닐 수 없다.

한국농업이 어려운 것은 창조농업을 하지 않아서가 결코 아닐 것이다. 27년 전 미국 유학길에서 느꼈던 두 가지 놀라움은 아직도 생생하다. 비행기에서 내려다본 미국농업의 광대함은 개도국에서 온 농업경제학도의 기를 죽이기에 충분했다. 끝없이 펼쳐진 옥수수밭과 기계화된 농지는 상상 이상이었고, 미국농업의 경쟁력에 대한 공포를 일게 했다.

그러나 또 한편으로는 한국농업의 위대함에 대한 찬사도 동시에 가지지 않을 수 없었다. 평균 경지면적이 미국의 200분의 1에 지나지 않는 산기슭이나 계곡의 손바닥만한 논밭을 일구어 그 많은 국민을 먹여 살리고, 자식들을 가르치고, 경제발전을 견인한 그 놀라운 생존력은 불가사의 그 자체였다. 이는 창의력과 혁신을 바탕으로 한 우리 농민들의 독농가 정신으로 밖에는 해석할 수 없다. 전문가의 수준을 넘어 농업을 하늘이 부여한 소명으로 알고 헌신하며 끊임없이 연구하고 혁신하는 독농가들이 우리 농업을 선진국 농업과의 경쟁에서 아직도 버틸 수 있게 만든 원천일 것이다.

그러나 이런 정신적 경쟁력도 물리적 한계를 극복하기에는 역부족이다. 이는 우리 농업의 시장점유율이 25%에도 미치지 못하는 현실이 여실히 보여준다. 농업의 고령화는 더욱 심각해지고, 농가소득의 하락세는 농업인들의 의욕을 꺾기에 충분하다.

여기에 정부의 경쟁력 대책도 방향을 잃고 표류하고 있다. 자본생산성은 지속적으로 하락하는데 여전히 하드웨어 위주의 지원정책을 펴고 있다. 1993년 UR가 타결된 후 우리 정부는 농업경쟁력 제고를 위해 규모화와 기계화, 구조조정에 엄청난 지원을 했다.

경제협력개발기구(OECD) 국가 중 일본 다음으로 많은 농업투·융자 지원에도 불구하고 우리의 경쟁력은 17위에 그치고 있다. TPP에 속한 12개국과 비교하면 거의 꼴찌에 가깝다. 이는 한국 농정의 비효율을 의미한다.

우리 농업의 정신적 경쟁력을 다시 높이는 것이 시급하지만, 이를 위해 경쟁력 정책의 경쟁력을 키우는 것이 선행되어야 할 것이다.

우루과이라운드(UR; Uruguay Round)

'관세와 무역에 관한 일반협정'으로 해석되는 GATT(the General Agreement on Tariffs and Trade)는 무역장벽을 없애고 수입시장을 개방하는 목적으로 설립되었다. 우루과이라운드(UR)는 1986년 남미의 우루과이에서 열린 GATT의 8번째 다자간 협상(라운드)을 의미한다. UR에서 역사상 처음으로 농산물의 무역을 자유화하는 시도가 이루어졌다. 1980년대 보조금에 힘입은 유럽산 농산물이 미국의 수출시장을 잠식하면서 양측 간 보조금 전쟁이 벌어졌고, 그 부담을 견디다 못한 미국의 제안으로 UR이 시작되었다. 1993년 12월 7년간의 협상 끝에 UR이 타결되고, 그 결과 1995년 1월 GATT의 완성형인 세계무역기구(WTO)가 발족하였다.

망해가는 농업,
손바닥으로 하늘을 가릴 수 없다 (농민신문 2012. 1. 16)

  농산물 수출 100억달러라는 장밋빛 전망이나 정부가 설립한 농업대학 졸업생의 평균소득이 도시가구보다 높다는 자화자찬도 농업이 망해가는 현실을 가릴 수는 없다. 한국 농업은 망해가고 있다. 한국농촌경제연구원(KREI · 이하 농경연)에 의하면 2011년 농가소득이 도시가구의 65%에 지나지 않으며, 2021년에는 43% 선으로 하락할 것이라고 한다. 농업에 종사하는 것이 결코 녹록지 않은 도시가구에 비해 훨씬 더 살기 어려워진다면 망해가는 것이 틀림없다. 수년째 빚과 절망을 이기지 못해 자살하는 농민이 한 해 1,000명이 넘는다. 하루 3명. 이는 경제협력개발기구(OECD) 국가 중 가장 자살률이 높다는 한국 평균의 두 배에 해당한다.

  동서고금을 막론하고 농업이 어려운 근본적인 원인은 경쟁에 있다. 원래 농업은 완전경쟁적이다. 수많은 농민들이 비슷비슷한 농산물을 생산한다. 가격이 좋으면 누구나 생산을 늘린다. 모든 농민들이 그렇게 하면 다음해에는 반드시 가격이 폭락한다는 경험법칙도 이를 막지 못한다. 농민의 수는 너무 많고 의견을 모으기 어렵기 때문이다. 이러한 농업에 느닷없이 닥친 시장개방 열풍은 경쟁의 끝없는 확산을 가져왔다. 그것도 세계에서 가장 경쟁력 있는 농가들과의 경쟁.

  한국 농업이 본격적으로 어려워진 것은 세계무역기구(WTO)에 의해 개방이 본격화된 1995년 이후다. 생산물과 투입재 가격의 차이는 벌어지고 농산물 가격의 변동성은 급격하게 커져 갔다. 1996년에는 국내 유통시장이 개방돼 외국의 대형마트가 진출했고, 국내 유통업자들은 규모화와 외주를 통해 대응하였다. 엄청난 자본과 정보력으로 무장한 대형유통업체들의 싸움은 농산물 유통질서를 흔들어 놓았고, 그 틈바구니에서 힘없는 농민들의 새우 같이 꼬부라진 등이 터질 수밖에 없었다. 1997년 국제통화기금(IMF) 사태는 자본시장의 전면개방을 가져왔고, 금융과 종자 등 투입재 산업이 외국자본에 예속돼 국내 농업을 더 힘들게 했다.

한·유럽연합(EU) 자유무역협정(FTA)에 이어 올해는 한·미 FTA가 발효될 예정이다. WTO보다 더 치명적인 개방을 하는 FTA를 효과도 검증되지 않은 경쟁력 강화로 대처할 수 있다는 자신감이 어디서 나오는 것인지 알 수 없다. 소득은 당장 감소하는데 부채가 될 생산이나 유통시설 지원이 대책이 될 수 있다고 믿는다면 우리 농업을 너무 과대평가하는 것이다. 장기간에 걸친 FTA 개방은 가랑비에 해당한다. 서서히 끓는 냄비에 든 농업의 운명은 명약관화하다.

농경연 예측이 맞는다면 2021년이 되기 전에 우리 농업은 소수의 선도농가와 취미농을 제외하고는 거의 살아남지 못할 것이다. 한·미 FTA가 발효되면 더욱 가공할 한·중 FTA가 기다리고 있다. 경제가 조금이라도 어려워지면 한·중 FTA는 불가피한 선택으로 포장될 것이다. 경제 전체를 위한 농업의 희생이 언제까지 요구되어야 할까? 농업의 회생을 위해 휴대폰이나 자동차산업이 더 분발할 순 없을까? 이러한 조율을 하는 것이 정치의 역할일 것이다. 우리는 언제 제대로 된 정치를 볼 수 있을까?

농업을 살리는 길은 황당한 자화자찬이나 대책 없는 희망가를 부르기보다 농업의 불꽃이 꺼져 가고 있음을 인정하는 것부터 시작되어야 한다. 농산물 수출보다 수입이 더 많아져 국내 농업이 더 어려워졌음을 시인해야 한다. 그리하여 농업을 시장개방으로부터 제외하는 특단의 조치가 필요하다. 이는 정의와 국가 통치 철학에 해당하는 문제이기도 하다.

농업에 관한
위험한 생각들 <small>(농민신문 2010. 4. 2)</small>

  쌀값 폭락으로 시름이 깊은 농업계에 또 다른 충격파가 가해졌다. 3월24일 경제전문지 〈매일경제〉가 내놓은 국민보고대회 내용 때문이다. 첨단농업을 주제로 한 그들의 발표내용은 쌀에 대한 집착을 버리고 소득보전직불제❶를 폐지해 농업에서 차지하는 쌀의 비중을 현격하게 줄이고, 헌법을 고쳐 경자유전 원칙❷ 조항을 삭제해야 한다는 것이다. 188억 달러에 달하는 농산물 무역적자가 경제의 발목을 잡고 있으니 산업자본을 투입해 대규모 유리온실 농업을 육성하고 수출단지를 조성해야 한다는 주장도 있다. 싱크탱크를 자처하는 일개 언론사의 의욕적인 주장을 일부러 폄하할 생각은 없다. 그들의 제안에는 농업을 위한 희망찬 비전도 담겨 있다. 농업의 중요성을 이해하고 국가 성장동력산업으로 재편해야 한다는 주장은 환영해 마지않는다. 그러나 힘들고 냄새나는 농업에서 깨끗하고 현대적 시설의 공장식 첨단농업으로 전환하자는 주장은 일견 그럴듯해 보이지만 농업과 농촌의 근간을 흔드는 위험한 주장들이다. 헌법을 고쳐 비농업자본의 농지 소유를 허용하고, 농업보조금을 줄여 비효율적인 부문을 도태시키는 등의 생각들은 언론사 기자들의 머리에서 나왔다고 보기에는 너무나 큰 담론들이다.

  〈매일경제〉의 주장은 2009년 초 농업계를 강타한 이명박 대통령의 뉴질랜드식 농업개혁 발언을 연상시킨다. 장태평 농림수산식품부 장관은 〈매일경제〉의 주장에 효율성이 낮은 농업보조금을 과감히 줄이겠다고 화답하고 있다. 그는 또한 농업을 산업화한다고 해서 영세농가가 피해를 본다는 생각은 잘못된 것이라는 주장을 덧붙였다(〈매일경제〉 3월 26일자). 이러한 주장의 배경을 납득하기 어렵다.

농업소득은 농업인구에 역비례한다는 클라크의 경험적 법칙은 여전히 유효하다. 〈매일경제〉가 제안하는 첨단농업은 수많은 농업인을 농업에서 축출하거나 농업노동자로 전락시킬 것이다. 고령화되고 생산성이 낮은 농업인 대신 생산성이 높은 로봇과 첨단시설로 무장된 기업자본 및 경영을 도입하자는 주장의 뒤에 거대자본의 탐욕이 숨겨져 있다고 보는 것은 지나친 억측일까? 농업보조금을 거두어 서해안에 최첨단 농업단지를 만들자는 주장은 과연 경제적으로는 타당한가? 그들은 과연 누구를 위한 첨단농업을 꿈꾸는가? 농업문제를 산업의 문제로 접근하는 국가는 뉴질랜드나 네덜란드 등 몇개국에 불과하다. 미국을 비롯한 대부분의 선진국들이 농업에 엄청난 보조를 주어 국가가 관리하는 것은 산업으로서의 농업의 성장을 꾀한다기보다는 농업을 소득과 사회활동의 기반으로 하는 농업인·농촌을 중요하게 여기기 때문이다. 농업의 다원적 기능❶과 소규모 가족농의 역할에 대한 긍정적 평가가 있기 때문이다. 농업을 산업의 논리로만 접근하는 그들의 무지와 만용이 확산될까 두렵다.

현 정부의 농정당국자들 사이에 소위 농업전문가 불신론이 팽배해 있다는 애기가 자주 들린다. 오랫동안 농업문제를 연구해 온 농업전문가들에게는 새로운 시도나 혁신적인 생각을 기대할 수 없다는 것이다. 그 결과 현실에는 단순화되고 검증되지 않은 논리를 농업문제에 그대로 들이대는 위험한 발상들이 난무하고 있다. 이를 새로운 캐시카우(수익창출원)를 찾는 거대자본들이 부추기고 있다. 이들을 경계해야 한다. 농업의 변화는 필수적이지만 그 방식은 점진적이고 균형적이어야 한다. 새로운 시도의 실패가 가져올 결과가 너무 파괴적이고 비대칭적이기 때문이다. 농업이 산업자본이나 금융자본에게는 또 다른 수익원에 지나지 않겠지만 농업인들에게는 생존의 기반임을 명심해야 한다.

쌀 소득보전직불제

시장개방 확대로 쌀값이 떨어지는 경우에도 농가의 소득을 일정 수준으로 보전해 주기 위해 시행된 직접지불제도이다. 쌀 소득보전직불제에 의해 지급되는 보조금 은 고정직불금과 변동직불금으로 구분된다. 고정직불금은 경작 여부와 상관없이 논을 일정한 기준에 맞게 관리할 경우 지급되고, 변동직불금은 벼를 재배하여 쌀 을 생산하는 농가에 지급된다. 변동직불금은 법률에 의해 정해진 목표가격과 당해 연도 수확기의 전국 평균 쌀값의 차액 가운데 85%를 직접지불로 보전함으로써 농가의 소득안정에 기여한다.   [출처 : 두산백과, 편집]

경자유전(耕者有田) 원칙

실제로 농업 생산에 종사하는 농업인과 농업법인 만이 농지를 소유할 수 있다는 원칙으로 투기적 농지소유를 방지하기 위해 헌법과 농지법에 관련 규정이 명시되 어 있다. 헌법 제121조는 「경자유전 원칙」에 따라 농지의 소유자격을 원칙적으로 농업인과 농업법인으로 제한하고 있으며, 농지법 제6조 1항에 따라 농지는 자기의 농업경영에 이용하거나 이용할 자가 아니면 이를 소유할 수 없도록 규정하고 있다. 그러나 1996년 1월 1일 개정된 농지법에 따라 도시거주인도 농지를 소유할 수 있게 되었다. 2003년부터 '주말농장' 제도가 도입되어 비농업인이 농지를 주말·체험영농 등의 목적으로 취득하고자 하는 경우에는 세대당 1,000㎡(약 300평) 미만의 범위에서 취득할 수 있다.   [출처 : 매일경제, 편집]

농업의 다원적 기능

농업과 농촌은 식량을 공급하는 기능 외에도 환경보전, 농촌경관 제공, 농촌활력 제공, 전통문화 유지 계승 및 식량 안보 등에 기여한다. 이러한 기능들을 농업의 다원적 기능이라 하며 외부경제 효과로서 사회적 후생을 증진시킨다.
                                              [출처 : 농업용어사전, 농촌진흥청]

농어업선진화,
왜 문제인가? <small>(농민신문 2009. 6. 12)</small>

우리 농어업의 경쟁력을 높이고 선진화시키는 훌륭한 목적으로 설립된 농어업선진화위원회가 출범 2개월 만에 역풍을 맞아 흔들리고 있다. 쌀 조기 관세화를 위한 공청회는 농업인단체의 반대로 무산되고, 보조금 개편작업도 제동이 걸렸다.

위원회의 성격과 권한, 유사한 다른 위원회와의 역할분담 등 형식적인 문제도 있겠으나, 선진화위원회에서 다루는 내용들이 농업의 근간을 흔들 수 있는 메가톤급 사안들로 구성돼 있음에도 불구하고, 그 논의 속도가 너무 빠르고, 사전에 정해진 방향으로 몰아간다는 불만이 증폭된 것이다. 학계나 전문가들 사이에는 농식품부의 최근 농정개혁 방향이 매우 편향적이고 무원칙하다는 우려가 높다. 한국농업정책학회는 최근 정책세미나를 통해 현 정부의 농정에 대한 신랄한 비판을 쏟아냈다.

농어촌선진화를 추진하는 정부의 핵심 방향은 경쟁력 강화를 위한 기업농화와 산업자본의 유입으로 특징지을 수 있다. 그러나 벤처농업과 기업농을 농정의 주 대상으로 도시자본과 산업자본을 끌어들여 농업을 선진화한다는 생각은 그것이 설사 농업의 경쟁력을 높일 수 있다 하더라도 농업과 농촌의 기반을 위협하는 대단히 위험한 발상이다.

세계무역기구(WTO)가 쌀의 관세화 유예❶와 그린박스❶로 분류된 농업보조금을 허용한 것은 농업이 생산하는 다원적 기능 때문이다. 이는 역으로 농업이 다원적 기능을 생산하지 못한다면 국가적 보호와 특별한 대우를 받을 근거를 잃게 되는 것을 의미한다. 농업의 다원적 기능은 농업 내에 다양한 규모와 성격의 농가가 존재할 때 가능하다. 수익을 추구하는 기업농이나 산업자본이 지배하는 대규모 농어업회사에 보조를 주어 육성하는 농업정책은 농업의 본질적 가치에 반하는 것이다.

역사적으로 자본주의는 농업과 서로 상생하지 못했다. 대규모 농장은 물론이고 전통적인 소농 경영체도 생산물을 시장에 내다 팔아 생활에 필요한 물품을 조달해야 하는 화폐경제에 편입되면서 무한경쟁체제에 돌입했다. 생산성이 낮은 소규모 가족농들은 농업자본가에게 땅을 팔고 농업노동자로 전락했다. 농업임금은 생계비를 충당하지 못했고, 굶주림과 가난의 대물림이 시작됐다. 농업은 효율성을 근거로 재편됐고 경영수익이 최고의 가치가 됐다. 시장경제는 농장의 규모화를 촉진하고, 대규모 농장과 자기 땅에서 쫓겨난 농업인들이 차례로 열대우림을 황폐화시키면서 지구온난화를 가속시켰다. 생산비를 낮추고 경쟁력을 높이기 위해 도입된 공장식 축산은 광우병이라는 전대미문의 질병을 가져왔다.

농업의 기억 속에 자본은 결코 아름다운 모습이지 못하다. 과거 산업자본과 금융자본, 그리고 오늘날의 유통자본도 모두 농업의 바탕 위에서 성장했으나 농업의 발전에 기여하지 못했다. 오히려 농업의 끝없는 희생을 요구하고 있다. 이것이 농업이 비농업자본의 유입을 경계하는 근본적인 이유이다.

농업의 다원적 기능은 국가가 농업을 보호하는 근거가 된다. 농촌을 유지하고 농가소득을 보장하는 것은 이런 농업의 역할을 보호하는 것이다. 농업의 다원적 기능은 수익성과 효율성을 추구하는 기업농과 양립하기 어렵다. 대규모 농업회사에 투자한 도시자본이 다원적 기능을 중시하기를 기대하기는 어려울 것이다. 우리의 농정은 산업정책으로서의 농업정책보다 농촌정책이 우선돼야 한다. 농업정책은 스스로 잘할 수 있는 선도 기업농이 아니라 무한경쟁에 노출된 취약한 가족농을 주대상으로 해야 한다. 그들이 우리 농업과 지역사회와 대한민국의 바탕이기 때문이다.

관세화 유예

모든 상품의 예외 없는 관세화를 원칙으로 한 우루과이라운드(UR)협정에서 급격한 시장개방에 따른 수입국 산업의 피해를 방지하기 위하여 정한 규정이다. 한국은 쌀의 관세화를 유예하는 대신 최소시장접근(Minimum Market Access : MMA)을 허용하는 방식으로 시장을 개방하였다. 1995~2004년까지 10년간 관세화를 유예한 이후 2004년 쌀 협상을 통해 관세화 유예를 10년(2005~2014년) 연장하였으나, 2015년 1월 1일부터 쌀을 관세화 하였다.

[출처 : 두산백과, 편집]

그린박스(Green Box)

무역 왜곡 효과가 없거나 미미하여 WTO에서 허용하는 국내보조들을 총칭하는 용어로 허용보조라고도 한다. WTO 농업협정은 농산물 무역 왜곡 효과나 생산에 미치는 효과가 극소하고 공공재정에 의한 지출로서 생산자에 대한 가격지지 효과가 없는 보조는 허용하고 있다. 허용보조의 종류는 WTO 농업협정 부속서2에 명시되어 있으며, 보조금 감축 의무가 면제된다.

[출처 : 외교통상용어사전, 대한민국정부, 편집]

희망고문,
사람은 가고 고통은 남는다 (농민신문 2013. 4. 17)

　우리 농업은 지도자 복이 없는 편이다. 역대 대통령이나 농림부 장관 중 취임 당시의 장밋빛 공약을 지킨 사람이 거의 없기 때문이다. 그 많은 약속 중 일부만이라도 지켜졌다면 오늘날 우리 농업이 이렇게 절망스럽지 않았을 것이다.

　흔히 이루지 못할 장밋빛 약속을 하는 것을 희망고문이라 한다. 벤처농업 신화나 자유무역협정(FTA) 시장개방을 위기가 아니라 기회로 활용할 수 있다는 큰소리도 여기에 해당한다. 우리 농업에 희망은 꼭 필요하다. 특히 절망적인 상황에서 더욱 그렇다. 그러나 희망은 생존의 끈을 놓지 않으려는 농민들의 의지에서 나오는 것이지 위정자들의 구호에서 나오는 것이 아니다.

　"선거철이 온 것 같습니다. 선거철만 되면 농업도 세상 모든 것이 해결될 듯이 말의 잔치가 번성합니다. 부질없이 지키지 못할 약속, 하지 않겠습니다. 그러나 약속한 것은 반드시 지킬 것입니다." 이는 2007년 대선 당시 이명박 후보의 다짐이었다. 그의 농정목표는 농업인 소득안정과 경쟁력 있는 농축산업 육성이었다. 이를 위해 농어민소득보전특별법을 제정하고 전체 인구의 20%를 농촌인구로 유지하며, 농가부채의 악순환 고리를 단절하는 정책 등을 추진한다고 약속했다.

그러나 그는 광우병 사태를 겪으면서도 한·미 FTA를 체결하고, 한·중 FTA의 발판을 놓고 퇴임했을 뿐이다. 뉴질랜드에 가서는 한국의 농업보조금이 너무 많아 경쟁력을 상실하니 보조금을 줄여야 한다는 발언으로 농심을 흔들어 놓았다. 농정 책임자들은 시·군유통회사와 매출 1조원대 농기업 육성, 농산물 수출 100억달러 달성 등으로 화답했다. 성과는 없고 예산만 낭비한 무책임한 정책들이었다. 그리고 정책실패로 인한 고통은 고스란히 농업에 남았다.

최근 문제가 되는 화옹지구의 유리온실 사태❶도 전 정권의 정치적 무리수가 빚어낸 결과다. 농업에 대기업자본을 유치해 수출농업을 육성한다는 계획은 일견 그럴듯해 보이지만 농업 현실에 대한 이해나 농민들에 대한 배려가 없는 희망고문에 지나지 않는다. 외국의 농업자본에 대항해 국내 대기업자본을 농업에 유치하는 것이 누구를 위한 정책인지 묻지 않을 수 없다. 설사 이를 통해 우리 농업의 경쟁력을 높일 수 있다 하더라도 그로 인한 농민들의 피해와 농촌사회의 붕괴, 다원적 기능의 훼손 등을 고려할 때 주객이 전도된 정책이 아닐 수 없다. 이 문제는 농업의 경쟁력을 어떻게 높일 것인가에 대한 경제학적 문제가 아니라 잘사는 농업, 행복한 농촌이란 어떤 것이 되어야 하는가에 대한 철학적 문제다. 대기업의 농업 참여는 경제민주화를 해치지 않는 상생의 원칙과 농업의 다원적 기능, 지역의 균형발전에 기여하는 방향으로 진행되어야 한다.

새 정권이 들어섰다. 박근혜 대통령의 농정목표도 농민소득 향상과 농촌복지 확대, 그리고 농업경쟁력 확보다. 새로울 것 없는 공약이지만 우리 농업을 위해 희망고문이 아닌 꼭 지켜지는 약속이 되길 바란다.

이를 위해 먼저 농업의 어려운 현실과 한계를 인정하고, 농업의 회생이 거대담론이나 정치적 웅변에서 나오는 것이 아님을 인식해야 한다. 대기업의 농업 참여나 유통단계 축소와 같은 훈수는 농업 문제를 더 어렵게 만들 뿐이다. 잘사는 농업, 행복한 농촌을 만드는 추진방식과 실행과제는 전문가들에게 맡기고 농업에 대한 끊임없는 애정과 전폭적인 지지를 보내는 것이 박근혜 대통령이 다짐한 성공한 농업대통령이 되는 길일 것이다.

화옹지구의 유리온실 사태

동부그룹의 자회사인 동부팜한농은 2012년 12월 경기도 화성 화옹지구 농식품수출전문단지에 유리온실을 완공하고, 토마토를 재배하는 등 농업 생산 부문에 뛰어들었다. 2013년 초부터 농협을 비롯해 한국농업경영인중앙연합회와 전국농민총연맹 등이 대기업이 농업에 뛰어들면 규모가 영세한 농민들이 피해를 입는다는 이유를 들며 동부 제품 불매운동을 전개하며 강하게 반발하였다. 동부팜한농은 2013년 3월 26일 화옹 유리온실사업 중단을 선언하였다.

농업의 정치력을
키워야 한다 (농민신문 2015. 3. 13)

　미국 · 유럽연합(EU) · 중국 등 농업 대국들과의 자유무역협정 (FTA)이 초스피드로 체결돼 빈사상태에 빠진 농업에 또다시 초대형 쓰나미가 덮쳐오고 있다. 우리 농업으로서는 가장 두려운 상대인 중국과의 FTA가 체결되자마자 거대 FTA로 불리는 환태평양경제동반자협정(TPP)에 적극적으로 가입할 것을 촉구하는 목소리가 높아지고 있다. 미국 · 일본 · 호주 등 태평양 연안 12개국 간의 자유무역협정인 TPP의 가장 커다란 난제였던 일본 농업시장 개방이 가시화되면서 해결의 실마리가 보이기 시작했다.

　우리의 농협중앙회 격인 일본의 전국농협중앙회(JA전중)를 해체하는 초강수를 동원한 일본정부는 농업계의 반대를 꺾고 TPP를 이른 시간 내에 성사시키고자 노력하고 있다. 일본 정부는 잃어버린 20년간의 경제침체를 타개하고 다시 군사대국으로 부상하기 위한 전략으로 미국 주도의 TPP 체결이 반드시 필요하다고 보고, 그간 걸림돌로 여겼던 농업을 희생하기로 한 것이다.

　일본에서 진행 중인 일련의 변화는 우리 농업에도 적지 않은 의미를 준다. 한국 정부나 언론 · 경제계도 경기부진을 타개하기 위한 발판으로 신속한 TPP 가입을 주문하고 있다. 일각에서는 농업 때문에 한 · 중 FTA에서 산업계의 이익을 충분히 확보하지 못했다고

도 한다. 이러한 주장들은 국가경제 운영전략에서 농업을 배제하거나 포기하자는 입장을 노골적으로 드러내는 것이다. 이는 한·미나 한·중 FTA 등이 농업에 대한 영향평가나 치밀한 전략 없이 매우 급속하게 진행되었을 때 이미 예견됐다. 이 모든 것은 농업의 정치력이 약화됐기 때문에 발생하는 것으로 볼 수 있다.

농업인구의 감소와 하락하는 국민총생산(GNP) 기여도는 농업의 역할이나 존재감에 부정적인 인식을 가져왔다. 여기에 최근 헌법재판소가 결정한 선거구 조정은 농업의 정치력을 더욱 하락시킬 것으로 예상된다. 우리 농업은 경제력과 함께 정치력에서도 쇠퇴하고 있다. 이는 농업예산의 감소와 정치적 배려의 축소를 의미한다.

농업인구나 국가경제에의 기여도가 감소하는 현상은 농업선진국들도 마찬가지다. 2012년 미국의 농업인구는 전체 인구의 5%인 한국에 비해 훨씬 적은 1%대로 2007년에 비해서도 큰 폭으로 하락했다. 그럼에도 불구하고 농업과 연구개발(R&D) 예산은 증가세를 유지하고 있다. 이는 미국인의 농업에 대한 이해와 철학, 그리고 이에 근거한 정치구조와 농업의 정치력에 기인한다.

농업의 정치력은 외부에서 주어지지 않는다. 더 이상 기댈 곳 없는 농업계 스스로 지켜나가고 만들어가야 한다. 정치력을 높이기 위해서는 해야 할 일과 하지 말아야 할 일이 있다. 국민의 마음을 얻고 사랑받는 농업이 되는 것은 무엇보다 중요하다. 여기에 치밀하고 조직적인 전략과 이를 기획하고 운영하는 컨트롤타워가 필요하다.

순수한 농업인들의 자조 조직이면서도 공공기관으로 관리되는 농협의 정체성과 지배구조의 독립성을 확보하는 것이 중요하다. 정치적 대의기구를 통해 정책 결정과 예산 배정, 시장개방 협상과정에 직접 관여해야 한다. 농업과 관련된 제도와 정책법안에 누가 어떤 발언을 하고 어떤 입장을 취했는지 일일이 따져 선거에 반영해야 한다.

반면 모래알처럼 흩어진 농심과 정치적 무관심은 한국농업의 정치력을 갉아먹는 주범이다. 누워서 침 뱉기 식의 상호비방이나 소모적인 갈등은 내려놓아야 한다. 식품안전사고나 횡령사고는 치명적인 손상을 가져온다. 혼탁하고 부정한 조합장 선거는 농협의 독립성과 자주성을 훼손하는 결정적 사안이 될 것이다. 이제 한국농업의 살길은 농업의 정치력을 높이는 데 달려 있다. 생각과 의견을 모으고, 함께 요구하고, 뭉쳐 행동해야 한다. 농업의 중요성과 힘을 보여주자.

제 3 장
농정 헛발질

쌀값과 경제학, 문제는 불확실성이다 (농민신문 2010. 5. 26)

"이번에도 쌀값이 안 잡히면 경제학 교과서를 다시 써야 합니다."

얼마 전에 만난 한 농정 당국자의 얘기였다. 정부가 20만t을 시장에서 격리하기로 하고 우선 10만t을 수매했음에도 불구하고 하락세를 멈추지 않는 쌀값에 대한 답답함과 추가 매입에 대한 기대가 담긴 말이었다. 분명 경제학 교과서에는 공급량이 줄면 가격이 상승하고 공급량이 늘면 가격이 하락하는 것으로 돼 있다. 그러나 경제학에는 이번 경우와 같이 모순된 것처럼 보이는 상황을 설명하는 이론도 있다. 바로 불확실성의 경제학이다. 경제 주체들은 미래에 대한 불확실성❶이 급증하면 다른 대안이 없는 한 투자를 유보하거나 생산감소, 재고관리 등을 통해 위험에 대비한다. 이는 매우 합리적인 행동이다.

아프리카 초원에 소떼가 한가로이 풀을 뜯고 있다. 그런데 숲속에서 '뚝'하는 소리가 들리고 놀란 무리 중 한마리가 뛰기 시작한다. 그러면 옆에 있던 소들도 덩달아 뛰고, 영문도 모르는 다른 소들도 여기에 합류한다. 경제학에서는 이를 군중행동이라고 한다. 그런데 이같은 행위가 비합리적일까? 보다 정확한 정보를 얻기 위해 두리번거리고 사자가 나타났는지 확인한 뒤 행동하는 것보다 일단 다른 무리에 합류하는 것이 합리적일 것이다. 위험과 불확실성은 경제의 펀더멘탈 못지않게 시장의 움직임에 중요한 역할을 한다. 경제 주체들이 항상 시장에 존재하는 불확실성을 고려해 의사 결정을 하기 때문이다.

경제 주체들은 미래를 예측해 행동한다. 재고를 가진 농가나 미곡종합처리장(RPC)도 미래에 대한 기대와 예상 가능한 위험, 그리고 예상하기 어려운 불확실성에 반응한다. 경제 이론은 재고를 보유하는 이유를 실질 수요뿐만 아니라 예비적 수요와 투기적 수요로 파악하고 있다. 예비적 수요는 미래의 불확실한 상황에 대비해 이익을 얻거나 손실을 줄이는 동기에서 나오며, 투기적 수요는 미래 가격의 변화로부터 수익을 추구한다.

최근의 쌀값 동향도 같은 맥락에서 이해할 수 있다. 2년 연속된 풍작에 2008년의 가격 버블은 큰폭의 가격 하락을 예고했다. 농가들은 보유한 재고를 서둘러 처분하고 RPC들은 가급적 수매를 연기하는 판단을 했을 것이다. 여기에 정부의 인위적 개입을 억제하고 구조조정의 기회로 삼으라는 일부의 조언은 불에 기름을 붓는 격이었을 것이다.

단경기에 가격 하락이 멈추고 상승세로 돌아설 것이라는 예상은 천안함 사태라는 악재를 만났다. 혹시나 하는 심정으로 손절하지 못한 재고 보유자들은 천안함 사태로 대북 지원이 어려워지는 상황에서 가격의 추가 하락을 예측했다. 이러한 와중에 시장격리가 10만t에 그치자 정부의 의지가 의심 받고 불확실성이 더 커졌을 것이다.

쌀 시장은 다른 품목에 비해 매우 커다란 소떼 무리에 해당한다. 무리 속 개체들은 나름대로 바쁘게 움직이지만 전체로서는 비교적 움직임이 적다. 그러나 일단 위험에 빠지거나 불확실한 상황에 닥쳐 한쪽 방향으로 뛰기 시작하면 무리 전체의 움직임을 웬만해선 멈추기 어렵다. 쌀 시장과 같이 시장 참가자가 많은 거대한 시장은 최대한 불확실성을 줄이는 것이 필요하다. 쌀값에 대한 정부의 의지와 능력을 확실하게 보여 주는 것도 중요하다. 미곡 정책은 평균적인 수급보다 예상하기 어려운 위험과 불확실성에 대한 고려가 우선돼야 한다.

불확실성(Uncertainty)

불확실성은 위험(risk)과 혼재되어 사용되는데 이에 대한 다양한 정의 중에서 나이트(Knight)는 불확실성을 미래에 어떤 일이 벌어질지 모를 뿐만 아니라 특정한 사건이 발생할 확률도 알지 못하는 경우로 정의하였다. 반면 위험은 미래에 어떤 일이 벌어질지 모른다는 점은 불확실성과 유사하지만, 특정한 사건이 발생할 확률을 알고 있다는 점에서 차이가 있다. 예를 들어 내일의 날씨를 예측할 때 비가 올지 흐릴지, 눈이 올지 맑을지는 알 수 없다. 그러나 각각의 확률을 알 수 있다면 불확실한 상황이 아니라 위험한 상황으로 볼 수 있다.

쌀 대란,
정책의 전환이 필요하다 (농민신문 2010. 8. 25)

　단 2년간 연속된 풍년으로 쌀 산업이 만신창이가 됐다. 쌀값은 폭락하고 창고는 넘쳐나고 농업인들의 근심은 깊어만 간다. 그런데 금년도 작황도 심상치 않다. 또다시 풍작이 예상돼 시장의 불확실성이 최고조에 달하고 있다.

　농업인들도, 미곡종합처리장(RPC)도, 유통업체도, 정부도, 정책연구기관도 무엇을 어떻게 해야 할지 우왕좌왕이다. 긴급처방으로 생산조정제가 도입됐지만 근본적인 해법이 되기에는 턱없이 부족하다.

　정부의 고민도 깊어 가지만 마땅한 해법이 보이지 않는다. 북쪽의 식량상황이 그 어느 때보다 심각하지만 남북관계가 경색돼 대북지원이라는 출구는 꽉 막혀 있다. 드러내놓고 말은 못하지만 몇차례 태풍이 지나가기를 기다리는 지경에 이르렀다. 어쩌다 우리 쌀이 이런 처지가 되었을까….

　그러나 작금의 쌀 대란은 풍작에 따른 일시적 현상이 아니다. 생산과 소비에 내재돼 있는 구조적 문제가 증폭돼 나타난 것이다. 거의 완전경쟁구조 하에 있는 농업인들이 작목 선택의 별다른 대안이 없는 상태에서 시장가격이 하락하고 소득이 감소하면 생산을 줄이기보다 최선을 다해 생산을 증가시킨다.

이는 가격 하락에 따른 소득감소를 보전하는 유일한 방법이라는 것을 직관적으로 알고 있기 때문이다. 실제로 농업인들은 품질이 떨어지더라도 단수가 높은 품종을 선택하고 있다. 1인당 소비하락 속도가 너무 빨라 다양한 소비증대 방안이 무력해 보인다. 손쉬운 시장격리 방안인 대북지원은 정치적인 여건에 따라 결정돼 정책적 대안이 될 수 없다.

쌀의 수급을 시장기능에 의해 자율 조정한다는 현재의 쌀 소득보전직불제는 최근과 같은 비상상황에 매우 무기력한 정책임이 증명됐다. 정부의 시장개입을 최소화해 가격은 시장에서 결정하고 정부는 일정 수준의 소득을 보전하는 소득보전직불제는 가격이 평년수준 이상인 경우에는 문제가 없지만 재고가 급증하고 가격이 폭락하는 상황에서는 속수무책임을 이미 미국의 사례에서 볼 수 있다.

미국은 농산물 가격이 고공행진하던 1996년 농업법 개정시 기존의 부족분지불제❶를 폐지하고 생산중립적 고정직불제❶를 신설해 시장지향적 농정을 도입했다. 그러나 1998년부터 가격이 폭락하자 4년간 300억달러가 넘는 긴급보조금을 투입할 수밖에 없었다. 긴급한 시장상황에 대응할 정책수단을 폐지했기 때문이다.

이에 따라 2002년 농업법 개정을 통해 다시 부족분지불제와 유사한 경기대응지불제❶를 도입해 오늘에 이르고 있다. 1930년대 대공황 이래 지속됐던 미국의 농정기조가 단 한차례 시장 실험을 거치면서 다시 원상복귀했다는 것에서 교훈을 얻어야 한다.

이제 쌀 정책에 대한 인식의 전환이 필요하다. 쌀과 같은 중요한 문제를 시장에만 맡겨 두지 말아야 한다. 정치적 성격을 가질 수밖에 없는 쌀을 담당하기에는 시장이 충분하지 않다는 점을 이해해야 한다. 쌀이 과잉기조에 있는 것은 맞지만 연착륙을 통한 구조조정이 이뤄져야 한다.

쌀의 수급안정과 동시에 적정한 수준의 식량안보를 유지하기 위해서는 정부의 적극적인 조정 역할이 중요하다. 현재의 소득보전직불제를 보완해 시장여건에 따라 선제적으로 수급을 조정할 수 있는 능력을 보유해야 한다. 수급여건에 따라 어떤 경우에도 작동할 수 있는 유연한 정책수단이 필요하다.

쌀 문제에 대한 보다 적극적이고 창의적인 정부의 역할을 기대한다.

부족분지불제(Deficiency payments)

시장가격이 사전에 정한 목표가격(target price)보다 낮을 때 목표가격과 시장가격의 차액(또는 시장가격이 더욱 하락하여 융자가격보다 낮을 경우에는 융자가격과의 차액)을 직접 지급하여 농가 소득을 최소한 목표가격 수준으로 지지하는 미국의 소득 안정 제도이다. 농민들은 정책 수혜를 받기 위해 정부가 정한 감축면적에 따라 반드시 휴경(set-aside)을 실시해야 한다.

고정직불제

기준연도 면적의 85%에 대해 정해진 금액을 지불하는 방식으로 직접지불금의 단가, 대상 면적과 단수 등을 기준연도 수준으로 고정함으로써 정책 보조금 지급이 생산량 증가의 유인이 되지 않도록 하였다.

경기대응지불제
(가격보전직접지불제, Counter-cyclical payment)

부족분지불제와 유사하며 2002년 미국 농업법 개정 시 도입되었다. 목표가격제를 이용하여 시장가격과의 차액을 보전하는 방식이며, 가격보전 직불금을 당년 생산과 관계없이 기준연도 면적과 단수를 기준으로 지급함으로써 생산과의 연계를 차단한다.

반복되는 쌀 문제, 해법은? (농민신문 2015. 11. 16)

올해 쌀 작황은 3년 연속 풍년을 기록했다. 그러나 농민들은 전혀 행복하지 않다. 아니 쌀값 폭락 가능성에 전전긍긍하고 있다. 농정당국과 농협도 비상이 걸렸다. 수 년째 반복되는 현상이다. 무엇이 문제이고, 해법은 무엇일까?

농정당국은 시장가격이 하락하더라도 소득보전직불제가 일정 소득을 보장해주기 때문에 농가소득에는 큰 문제가 없다는 입장이다. 이는 물론 소득보전직불정책을 도입한 배경이기도 하다. 쌀 가격은 시장에 맡겨두고 정부는 목표가격과의 차이를 보전해주면 되기 때문이다. 단지 변동직불제에 소요되는 예산과 재고관리에 드는 비용이 문제다. 농민의 문제가 정부의 문제로 이전된 것처럼 보인다.

그러나 농민들은 여전히 불안하고 불편하다. 쌀 생산에 대한 부정적 인식과 농업에 대한 날선 공격이 고개를 들기 때문이다. 올해부터 쌀 시장이 관세화 개방되어 이런 현상이 가속화될 것이다. 여기에 정부가 적극적으로 가입을 추진하는 환태평양경제동반자협정(TPP)은 쌀 시장에 핵폭탄급 충격을 가져올 것으로 예상된다. 쌀 정책에 대한 근본적인 변화가 요구되는 시점이다.

2005년에 최저가격을 보장해주던 약정수매제를 폐지하고 도입한 정책이 소득보전직불제다. 일정 금액의 고정직불과 함께 목표가격과 시장가격 차이의 85%를 보전해 주고(변동직불), 식량안보를 위해 필요한 재고는 매년 일정 물량을 유지하는 공공비축제를 통해 충당하는 것이 요지다.

정부 입장에서는 무척 편한 정책이지만 생산자 입장에서는 구조적으로 충분하지 않다. 가격이 하락할 경우 목표가격과 시장가격 차이의 85%만 보전해주기 때문에 나머지 15%는 생산자가 감당해야 한다. 기준가격으로 전국 평균가격을 사용하기 때문에 평균보다 가격이 낮게 형성되는 지역의 생산자들은 더 많은 피해를 볼 수밖에 없다. 인플레(물가상승)나 생산비 상승도 고려되지 않는다. 시장가격의 지속적 하락에 대한 불안감도 경영위험과 정신적 고통이 된다. 그러나 소득보전직불제의 가장 커다란 한계는 시장수급의 급격한 변화에 속수무책이라는 것이다.

생산자의 소득을 실질적으로 보전하면서 식량안보를 위한 생산기반을 유지하기 위해서는 정부의 적극적인 역할이 필요하다. 일각에서는 생산조정제의 도입을 주장하기도 한다. 2003년부터 3년간 시행됐던 생산조정제는 휴경을 대가로 보조금을 지불하는 정책이었다. 이는 직접적으로 생산면적을 줄이지만 생산성이 낮은 농지부터 휴경되어 효과가 의문시된다. 또한 휴경지에 보조금을 지불하기 때문에 국민적 반감도 적지 않다.

식량안보와 통일에 대비한 쌀 생산기반을 유지하기 위해서는 소득보전직불제에 생산조절 기능을 탑재하는 것이 유용한 해법이 될 수 있다. 이는 변동직불을 원하는 생산자에게 일정 면적의 휴경을 요구하는 대신, 목표가격과 시장가격의 차이를 전부 보전해줌으로써 소득변화에 대한 불확실성을 제거하는 것이다. 이 정책은 농가소득을 보전하면서 시장물량을 선제적으로 조절할 수 있는 효과적인 수단이 된다.

공급과잉으로 골치를 썩던 미국이 1973년부터 30년간 사용하였던 이 정책은 세계무역기구(WTO)에 의해 블루박스로 분류돼 허용 가능한 정책이다. 생산조정제에 대한 납세자의 반감이나 생산조절에 무력한 소득보전직불제의 약점을 보완할 수도 있다. 다만, 정부는 의무휴경률을 결정하고 정책대상을 세분하는 등 미세 조정(fine tuning)하는 수고를 해야 한다.

필자가 칼럼을 통해 생산조절 기능을 탑재한 소득보전직불제의 도입을 주장하는 것은 2004년 이래 여섯번째다. 정부는 좀 더 적극적이고 창의적으로 쌀 정책을 운영해주길 기대한다.

가락시장은
왜 존재하는가? (농민신문 2012. 4. 6)

　자본주의 시장경제 체제는 두말할 것도 없이 시장을 기반으로 작동된다. 그러나 시장을 정확하게 정의하는 것은 전문가에게도 만만치 않은 일이다. 조순의 〈경제학원론〉은 시장이 특정한 장소를 의미하기보다는 상품의 수급에 관한 정보가 수요자와 공급자 사이에 교환되고 그 결과 상품이 매매되는 매개체라고 설명하고 있다. 우리의 모든 일상생활이 시장을 통해 이뤄지고 있지만 이런 정의만으로 시장을 이해하기는 어려워 보인다.

　그러나 시장을 다른 각도에서 보면 좀더 명확하게 이해할 수 있다. 시장의 가장 중요한 역할은 무엇보다 효율적인 가격을 결정하는 데 있다. 효율적인 가격이란 팔고자 하는 사람과 사고자 하는 사람의 의사와 정보를 충분하고 정확하게 반영한 가격을 의미한다. 이렇게 결정된 가격은 다시 소비자와 생산자에게 전달돼 합리적인 소비와 적정한 생산의 기준이 된다. 만약 시장가격이 왜곡되거나 투명하지 못하면 생산과 소비에 관한 의사결정이 잘못되고 자원 배분이 합리적으로 이뤄지지 못한다.

　25년 전 1,000억 원이라는 막대한 예산을 들여 최초의 공영도매시장인 가락시장을 설립한 이유는 위탁상의 극심한 폐해를 바로잡기 위해서였다. 당시 도매시장은 농민들이 자신의 농산물을 적정가격도 모르는 채 위탁상에 맡기고 그들이 정해주는 가격으로 정산할 수밖에 없는 시스템이었다.

이는 농민들의 취약한 시장교섭력과 극심한 정보의 비대칭성에 기인한 것이다. 그 결과 위탁상들의 폭리와 계약 불이행 등 횡포가 극에 달했고 농민들의 원성은 하늘을 찔렀다. 이에 정부는 가락시장을 설립해 위탁거래를 금지하고 상장경매제를 도입했다. 가락시장은 전자경매와 실시간 가격 전송을 통해 투명한 가격 결정과 신속한 가격 발견 기능을 제공하는 세계 유일의 모범적인 농산물 도매시장이다.

그런데 최근 가락시장의 시설현대화사업이 진행되면서 시장의 본질을 해치는 시도가 이어지고 있다. 수년 전 개장한 강서시장에 시장도매인제를 도입해 반쪽짜리 시장을 만든 것에 이어, 수천억 원의 정부 예산을 들여 리모델링하는 가락시장에 시장도매인제를 도입하려는 시도 때문에 시설현대화 사업이 방향을 잃고 있다.

본질적으로 위탁제와 동일한 시장도매인제의 가장 커다란 명분은 경매를 거치지 않기 때문에 유통비용이 절감된다는 것이다. 그러나 검증도 되지 않은 유통비용 절감 때문에 경매제가 훼손된다면 비교도 할 수 없는 엄청난 비효율이 초래될 것이다.

강서시장처럼 경매 반, 시장도매인 반이라는 이상한 제도도 경매 물량을 분산시켜 가격 결정 기능을 절대적으로 약화시킬 것이다. 이는 가락시장의 존재 이유를 해칠 뿐만 아니라 여전히 시장교섭력이

미약한 대다수 농민들에게 또다른 시련이 될 것이다. 만약 가락시장이 자신에게 주어진 소명인 투명한 가격 결정과 신속한 가격 발견 기능을 포기한다면, 가락시장이 왜 존재해야 하며, 누구를 위한 현대화 사업인지 묻지 않을 수 없다.

유통환경의 변화에 따라 가락시장이 어려운 상태에 있는 것은 사실이다. 그러나 이는 엄격한 품질관리와 첨단 정보기술(IT)의 도입을 통해 가격 결정을 더욱 효율화하고 가격 발견 비용을 줄여 가락시장의 기능을 강화하는 방향으로 접근해야 한다. 근시안적 시각으로 농산물 유통의 시계를 거꾸로 돌려서는 안될 것이다.

정녕 '뜬금'없는
시장을 만들 것인가 (농민신문 2013. 9. 30)

　우리는 흔히 '뜬금없다'라는 말을 쓴다. 갑작스럽고 엉뚱하다는 사전적 의미를 가진 이 표현의 어원이 흥미롭다. 국어사전에는 '뜬금'을 일정하지 않고 상황에 따라 달라지는 값이라 풀이하고 있는데, 뜬금없다는 표현은 그런 값조차 없는 혼란스러운 상황을 의미한다. 과거 시장에 쌀이나 곡식의 양을 되나 말로 정해주는 마쟁이라는 관리가 있었는데 이들을 말감고(두감고 · 斗監考)라 불렀다. 이들은 애초 곡물의 품질등급을 정하거나 부정거래를 감시하는 직책이었으나, 점차 곡물의 기준시세를 정해 거래를 원활하게 하는 역할을 담당했다. 그러나 이들이 값(금)을 띄우지 않거나 띄운 값이 정확하지 않으면 시장은 혼란에 빠질 수밖에 없었다. 즉, 뜬금없는 시장이 되는 것이다.

　조선시대에 말감고가 있었다면 오늘날에는 도매시장 경매가 그 역할을 한다. 그러나 시장에 들어온 모든 정보와 호가를 반영해 결정되는 경매가격은 당연히 말감고의 시세보다 정확하고 공정할 것이다. 경매가격은 산지와 소비지 유통을 포함한 모든 시장거래의 기준이 된다. 만약 경매가격이 없다면 어떤 가격을 기준으로 거래해야 할지 혼란스러울 것이다. 거래가격은 가격교섭력에 의해 결정되고, 보다 좋은 가격을 찾기 위한 가격발견비용과 협상비용이 높아질 것이다. 거래에 대한 불신과 거래자간의 갈등도 증폭될 것이다.

그런데 시장의 기준 역할을 해오던 도매시장에 이상한 일이 일어나고 있다. 시장도매인제❶에 이어 정가수의거래❶가 경매제❶의 대안으로 도입됐다. 두 거래제도 모두 경매가격이 있어야 제대로 작동함에도 불구하고 경매제를 대체해야 하는 것으로 추진되고 있다. 시장도매인제는 경매제가 유통비용이 많이 든다는 이유로, 정가수의거래는 경매제가 가격변동성을 높인다는 이유로 도입됐다. 그러나 정가수의거래는 전자경매 대신 말감고를 도입하는 것이고, 시장도매인제는 말감고마저 없애는 것이다. 둘 다 시대착오적이고, 도매시장의 근간을 무너뜨리는 위험한 시도다.

미국의 경우 100% 시장도매인제, 일본은 90% 이상 예약상대거래❶로 이뤄진다. 그러나 이들 시장이 한국시장에 비해 결코 비용 효율적이거나 가격 효율적이지 않다. 경매가격 같은 기준가격이 없는 미국에서 축산물 거래가격을 의무적으로 신고하게 하는 법을 만든 것을 타산지석으로 삼아야 한다. 경매제가 유명무실한 일본의 경우 법인 소속 직원이 거래가격을 결정한다. 그러나 이는 경매에 비해 매우 어렵고 비효율적인 과정이 아닐 수 없다. 양자협상을 통해 가격을 결정하는 비용도 당연히 경매에 비해 높다. 동일한 거래물량을 처리하기 위해 일본에서는 한국의 3배에 해당하는 직원을 필요로 한다. 일본 시장전문가들은 오히려 경매제의 부활을 꿈꾸는 것이 현실이다. 그러나 한번 망가진 경매제를 다시 만드는 것은 거의 꿈에 가깝다.

　우리의 정가수의거래는 일본의 예약상대거래를 벤치마킹했다. 여기에는 상대거래가 가격변동성을 줄인다는 이상한 논리가 뒷받침됐다. 문제는 경매제가 가격변동성을 높이는가 하는 것이다. 가격은 수급의 변화에 따라 변동한다. 가격결정방식의 하나인 경매제가 가격변동성을 높인다는 주장은 잘못된 것이다. 경매제의 일중 가격차가 큰 것은 당일의 수급물량이나 품질이 균형을 이루지 못하기 때문이다. 이는 거래제도가 아니라 제대로 된 등급화와 정보화로 풀어야 하는 문제다.

　시장도매인제나 정가수의거래는 경매물량을 줄여 경락가격의 대표성과 효율성을 저하시킬 것이다. 경매라는 훌륭한 가격결정방식을 가진 우리 도매시장이 뜬금없는 시장으로 변해가는 모습이 안타깝기 그지없다.

시장도매인제

시장도매인이 출하자로부터 상품을 직접 수집하거나 수탁을 받아 대형매장이나 소매상 등에 판매하는 농산물 거래방식이다. 경매라는 유통단계 축소와 진열 상하차 등 운반조작 감소로 유통효율성을 향상시키기 위한 목적으로 2004년 강서시장에 도입되었다. 출하자와 시장도매인의 직접적인 교섭으로 가격이 결정되기 때문에 당사자 이외에는 거래가격을 알 수 없다. 도매시장법인이 출하대금을 보증해 주는 경매제와 달리 대금결제 책임이 개별 시장도매인에 있어 도매인의 경영부실로 대금 정산이 늦어지거나 이루어지지 않을 가능성이 있다.

정가수의거래

정가매매는 출하자가 판매가격과 물량을 제시하여 도매시장법인이 거래 참여자와 거래하는 방식이고, 수의매매는 도매시장법인이 출하자와 구매자를 직접 상대하여 가격 등을 흥정하여 결정하는 거래방식이다.

경매제

출하자로부터 판매를 위탁받은 도매시장법인이 경매를 통해 중도매인에게 농산물을 판매하는 거래방식이다. 경매를 통해 가격이 결정되어 가격 결정 과정이 투명하고, 시장참여자들의 가격발견이 쉽다. 도매시장법인이 중도매인을 대신하여 경매에서 낙찰된 가격에서 상장수수료를 공제한 출하대금을 직접 정산하기 때문에 대금 정산이 늦어지거나 이루어지지 않을 가능성이 없다.

예약상대거래

출하자가 사전에 농산물 출하가격을 제시하면 도매시장법인이 중간에서 중도매인과 가격을 조정해 경매가 아닌 방식으로 매매하는 일본의 농산물 거래방식이다. 한국의 정가수의매매와 비슷한 방식으로 1999년 도매시장법 개정으로 경매입찰원칙이 폐지되면서 도입되었다. [출처 : 한국농어민신문, 2011. 7. 18, 편집]

농산물 유통,
문제는 구조가 아니라 조성기능이다 (농민신문 2012. 10. 31)

　우리 농업 문제의 기저에는 가격 문제가 있다. 실질가격의 지속적인 하락과 가격변동성의 급격한 증가가 소득 하락과 부채 문제의 원인이다. 과거 증산 위주의 농정으로 인한 생산성 향상과 시장개방으로 인한 공급의 증가가 가격문제의 근본적 원인이다. 그럼에도 불구하고 김영삼 정부 이후 현 정부에 이르기까지 역대 정권의 공통된 농정방향은 유통구조 개혁이었다.

　이는 가격문제를 유통구조의 문제로 인식했기 때문이다. 복잡하고 비효율적인 유통단계와 유통상인들의 독과점적 시장 지배를 높은 유통마진과 가격 불안정의 원인으로 진단했다. 이에 따라 농업문제를 유통구조의 개혁을 통해 접근하고, 그 정책수단으로 도매단계를 줄이는 농산물 직거래나 경매를 건너뛰는 시장도매인제를 사용했다. 그러나 이는 유통과 가격에 대한 이해의 부족 내지 유통문제의 정치적 도구화에 기인한 것이다.

　과연 농산물 유통상들이 독점 이윤을 향유하며, 도매단계를 줄이면 유통비용이 줄어들까? aT(한국농수산식품유통공사)의 조사에 의하면 2011년 산지에서 소매에 이르는 유통단계 전체 이윤은 소비자가격의 12.5%에 지나지 않는다. 이는 여타 산업과 비교할 때 결코 많다고 볼 수 없으며, 농산물 유통에 치열한 경쟁이 있음을 의미한다.

단계별로는 도매단계의 유통마진이 8.6%로 출하단계의 10%, 소매단계의 23.2%에 비해 매우 적다. 이는 오랫동안 쌓은 경험과 네트워크로 도매단계가 비교적 최적화돼 있음을 의미한다. 유통비용을 줄이기 위해 도매단계나 경매를 건너뛰어 줄일 수 있는 비용이 미미할 뿐만 아니라 오히려 유통의 비효율을 초래할 것이다. 도매단계가 담당하는 상품의 수집과 분산, 정산과 위험관리 등의 기능을 누군가가 담당해야 하고, 이는 시장교섭력이 우월한 소매단계보다 출하단계, 즉 농가와 산지유통조직이 될 가능성이 많다. 이에 따라 도매단계의 유통비용이 농가에게 전가되고, 유통비용이 오히려 증가할 것이다.

유통효율화는 구조 측면이 아니라 가격결정과 위험관리, 등급화, 관측 등 유통 조성기능의 측면으로 접근해야 한다. 효율적인 가격결정과 신속하고 투명한 가격발견은 유통의 전제조건이다. 최근 가락시장을 현대화하면서 논의되고 있는 시장도매인제는 경매제에 비해 출하자의 가격발견비용, 협상비용, 계약이행비용 등을 상승시켜 오히려 유통비용을 높일 뿐만 아니라 경매제의 가격결정 기능을 위축시키고 가격발견 기능을 저해할 것이다.

현재 도매시장에 상장되는 농산물은 모두 출하자가 자의적으로 등급을 표기하고, 이와 관계없이 가락시장은 경락가격에 따라 사후적으로 등급 표시를 하고 있다. 이러한 등급 실태는 품질을 정확하게 표시해 적정가격을 결정하거나 샘플경매를 통해 유통비용을 줄이고 고품질화를 촉진하는 등급화 본연의 기능을 하지 못한다. 합리적인 표준등급화 없이 유통혁신이 있을 수 없다.

농업문제를 악화시키는 가격변동성을 줄이기 위해 보다 정확하고 신뢰할 수 있는 관측시스템이 필수적이다. 미래의 수급과 가격을 예측하는 관측은 매우 어려운 과업이지만 정확성을 높이기 위한 지속적인 노력이 필요하다. 이런 측면에서 현재 한국농촌경제연구원이 독점적으로 수행하는 관측사업에 경쟁과 체계적인 평가시스템이 도입될 필요가 있다.

유통효율화는 유통구조가 아니라 유통 조성기능으로 풀어야 하며, 유통정책은 조성기능을 정상화시키는 데 초점을 맞춰야 한다. 효율적인 유통 조성기능은 유통뿐만 아니라 생산과 소비의 효율화도 가능하게 한다. 차기 정부는 역대 정부의 우를 범하지 않기를 바란다.

채소대란,
해법은 없는가 <small>(농민신문 2010. 10. 11)</small>

최근 채소값이 폭등하자 전국이 채소 얘기로 들끓고 있다. 국회에서는 배추 국감이 열리고, 뉴스 앵커는 "요즘 집에서 김치찌개를 해 먹으면 부자랍니다"라는 우스갯소리를 한다. 신문 만평에서는 "아주머니, 상추 좀 더 주세요"하면 "차라리 고기를 더 드릴게요"라는 웃지 못할 얘기를 그리고 있다.

이 와중에 필자가 재직중인 학과에 진학해 식량문제 전문가가 되기를 희망한다는 고3 학생이 질문을 해 왔다. 최근 2,500원 하던 배추가 1만 2,500원으로 폭등하는 데 대해 정부는 무슨 대책을 취해야 합니까?라는 질문과 함께, 그 학생이 생각하는 네가지 원인에 대해 필자의 생각을 물어 왔다. 첫번째 원인은 이상기온의 영향, 두번째는 9일간의 긴 추석연휴로 도매업자들이 물량확보를 못해 발생한 품귀현상, 세번째는 4대강 개발로 인한 농지파괴, 마지막으로 유통업자의 농간을 들었다. 자신은 아무리 생각해도 해법으로 단 한가지밖에 떠오르지 않는다고 했다. 마지막 원인인 유통업자들의 독점에 대한 해결책으로 정부 규제 외에는 뾰족한 해법이 없다는 것이다.

이 대견하고 기특한 학생의 질문에 이렇게 답변했다. 내가 생각하는 타당한 원인은 첫번째밖에는 없다. 두번째는 우리 유통업계의 능력을 과소평가하는 것이고, 세번째는 정치적 공세에 지나지 않는다.

마지막 유통업자들의 농간도 우리 농산물시장의 거의 완전경쟁적 구조를 생각할 때 가능하지 않다. 그러나 이 마지막 원인은 농산물 가격이 급등락할 때마다 단골로 등장하는 의혹으로 정책의 실패를 유통업자들에게 전가하는 것에 지나지 않는다.

그 학생이 다시 질문해 왔다. 그렇다면 이상기후로 인해 가격이 폭등한 배추값을 잡을 수 있는 방법은 없는 것입니까? 향후 이상기후 현상이 더 많아질 텐데 해결책이 없다면 정말 심각한 문제가 아닐까요? 이 대목에서 필자도 우리 농정당국이 어떻게 답변할지 정말 궁금하다.

일전에 필자는 이 지면을 통해 '기상피해, 날씨선물로 방어하자'라는 칼럼(6월14일자)을 쓴 바 있다. 이에 대해 모 증권방송에서 인터뷰 요청이 있었을 뿐 농업분야에서는 아무런 메아리가 없었다. 그러나 이는 이미 예견한 일이어서 놀랍지도 않다. 필자는 5년 전에 채소지수를 선물시장에 상장해 지구상에 거래되는 상품 중 가장 가격변동이 심한 한국의 배추·무 등 채소의 가격변동을 제거할 수 있는 제도적 장치를 제시한 바 있다. 학회에 발표도 하고, 잡지에 기고하기도 했지만 그뿐이었다. 농림수산식품부 정책담당자들에게 설명도 하고, 가락시장에도 제안을 했지만 소용이 없었다.

우리 농정은 대체로 '허둥지둥' 농정이다. 그리고 '그때 뿐'인 농정이다. 쌀 문제에 대한 접근 방식이나 배추 문제에 대한 접근 방식이나 똑같다. 문제가 터져서야 그 문제를 들여다보고 미봉책을 만들어

낸다. 그리고 그 문제가 잦아들면 관심도 같이 사라진다. 근본적인 해법을 만들어 똑같은 문제가 반복되지 않도록 하는 지혜를 찾아보기 힘들다. 유능하고 부지런한 공무원들이 많은 정부의 총체적 능력이 왜 이런 문제도 제대로 해결하지 못할까.

채소대란은 이상기후로 인한 일시적인 문제임에 틀림이 없다. 그러나 고3 학생이 걱정한 바와 같이 이상기후가 더욱 빈번해질수록 자주 발생할 문제인 것도 틀림없다. 근본적인 대책이 필요하다. 깊이 고민하고 상상력을 더하면 분명 해법은 있을 것이다.

소값 파동과
사료가격 이야기 (농민신문 2012. 2. 9)

　최근 비싼 사료가격을 감당하기 어려워 키우던 소를 굶겨 죽인 이야기와 애물단지가 된 송아지 가격이 1만 원이라는 보도가 회자되면서 온 나라가 소 키우는 것에 관심을 보이기 시작했다. 각 언론과 방송은 경쟁적으로 보도하기 시작했고, 공정거래위원회는 쇠고기 유통단계별 마진을 조사해 공개하겠다고 밝혔다. 유통단계에 공정하지 못한 구조가 있어 소값은 폭락하는데 쇠고기 가격은 여전히 고공행진을 한다고 보는 것이다.

　TV조선은 실제로 산지부터 최종 소매점과 식당까지 단계별로 취재하여 쇠고기 유통에 폭리가 있는지를 검증하였다. 결론은 그렇지 않다는 것이었다. 경쟁적 구조로 되어 있는 쇠고기 유통에 폭리를 취할 수 있는 여지가 있을 리 없다. 유통마진 다음으로 사료가격을 도마에 올렸다. 그러나 거의 모든 사료곡물을 수입에 의존하기 때문에 곡물가격 폭등에 따른 높은 사료가격은 어쩔 수 없다는 결론을 내리고 있다. 과연 그럴까? 한국의 사료가격은 적당한 가격일까?

　사료가격을 따지기 위해서는 사료산업의 구조를 이해할 필요가 있다. 한국의 사료산업은 크게 두 진영으로 이루어져 있다. 한쪽은 농협이고, 또 다른 한쪽은 일반기업으로 구성된 민간사료 부문이다. 2011년 농협의 시장점유율은 33% 정도이며, 여기에는 농협중앙회

자회사인 농협사료가 18%, 15개 지역축협에서 개별적으로 운영하는 공장이 15%를 점하고 있다. 나머지 67% 시장은 크고 작은 민간사료 회사들이 나누고 있다.

사료업계를 굳이 두 부문으로 나누는 것은 농협과 민간업체들이 사료곡물의 구매를 따로 하기 때문이다. 사료를 만드는 기술이 대체로 표준화 되어 있는 상황에서 생산규모와 사료가격의 60%에 이르는 사료곡물을 얼마나 저렴하게 구매하는가가 사료회사의 경쟁력이 된다. 그런데 민간회사들은 사료협회를 통해 사료곡물을 공동으로 구매하고 있다. 독자적으로 구매하여 다른 회사에 비해 비싸게 구입할 위험을 없애기 위해서다. 똑같은 가격에 원료곡물을 구매한 사료회사들은 사료가격도 크게 차별하지 않는다. 불필요한 가격전쟁을 원치 않기 때문이다. 선물 헤지를 통해 구매가격을 낮추는 노력도 하지 않는다. 곡물가격이나 환율 상승을 사료가격을 통해 고스란히 축산농가에 전가하면 그뿐이기 때문이다. 이것이 사료가격이 거의 비슷하게 움직이는 이유다. 묵시적 담합에 해당할 수 있다.

이런 상황에서 국내 사료시장의 10%를 점하고 있는 카길❶이 시장 점유율 20%를 목표로 공장을 증축하고 곡물저장고를 짓고 있다. 국내 시장을 장악할 속셈이다. 다행히 사료시장의 한 축을 담당하는 농협 진영이 견제기능을 한다. 2002년에 설립된 농협사료는 가격인하 요인이 있을 때 가격을 내리고, 인상요인은 최대한 자체적으로 흡수해 시장가격을 주도한다. 지난 8년간 농협사료의 마진은 민간부문의 절반 이하이다. 농협사료는 사료가격을 리드할 뿐만 아니라, 오르기만 하고 내리지는 않는 비대칭적 움직임을 교정하는 역할도 한다.

그런데 이상한 것이 있다. 중앙회와 회원축협으로 구성된 농협 진영이 하나로 합친다면 가격조정력이 훨씬 커질 수 있는데 그렇게 하지 않는다. 또한 모든 축산 농가가 조합원임에도 불구하고 농협의 시장점유율이 33%에 지나지 않는다. 이는 농협 제품을 쓰지 않는 조합원이 더 많다는 의미다. 개별적인 이익을 추구해 전체의 이익을 해치는 꼴이다. 농협과 조합원인 축산 농가들이 스스로 풀어야 할 문제이다. 사료가격은 지금보다 낮아질 수 있다.

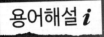
카길(Cargill, Incorporated)

1865년에 설립된 개인 소유의 다국적 기업으로 미국 미네소타주에 있다. 농산물
및 1차 가공품뿐만 아니라 곡물의 부가가치를 높이기 위해 축산물 계열화사업도
하고 있다. 인산과 칼리 비료를 생산하는 세계에서 가장 큰 모자이크 컴퍼니의 지
분 2/3를 소유하고 있다. 1988년 카길 코리아를 설립하면서 한국에 진출하였고,
2001년 사료 회사인 퓨리나와 합병하여 (주)카길애그리퓨리나를 두고 있으며,
미국산을 포함한 육류 수입 사업도 병행하고 있다.

[출처 : 위키백과, 편집]

사료가격 담합
처리과정을 보고 (농민신문 2015. 8. 19)

경쟁은 자본주의 시장경제체제의 원동력이다. 공정한 경쟁은 자원의 효율적 사용과 기술개발을 촉진해 지속적 성장을 가능하게 한다. 자본주의 종주국이라 할 수 있는 미국은 1890년 연방독점방지법(셔먼법)을 제정해 담합을 엄격하게 금지하고 있으며, 우리도 헌법 119조 2항에 시장의 지배와 경제력의 남용을 방지하는 국가의 의무를 명시함으로써 공정거래의 중요성을 강조하고 있다. 기업의 입장에서는 경쟁을 피하고 담합을 통해 독과점적 이익을 추구하는 유혹을 뿌리치기 어려울 수 있다. 그러나 이러한 담합은 경쟁을 통한 경제의 건전한 성장과 부의 공정한 배분을 저해하기 때문에 금지돼야 한다.

최근 공정거래위원회는 하림·카길·CJ 등 대규모 민간 사료업체들이 2006년부터 2010년까지 담합을 통해 부당한 이득을 취했다고 판정하고, 시정명령과 함께 관련 매출액 13조 원의 0.58%에 해당하는 773억 원의 과징금을 부과했다. 과징금 규모가 담합을 통한 추정 이익에 비해 적게 책정된 아쉬움은 있으나 공정거래위원회의 노력은 박수 받아 마땅하다. 연이은 자유무역협정(FTA)과 곡물가격 폭등으로 축산농가의 생존이 심각하게 위협받고 있는 시점에 사료업체들의 담합은 힘없는 농업인들에게는 파렴치한 행위임에 틀림없다.

그런데 이런 사료업계의 담합을 축산농가의 이익을 대변하는 축산단체와 농정당국이 오히려 두둔하고 나서는 믿기 어려운 일이 발생했다. 〈국민일보〉의 7월20일자 보도에 따르면 대한한돈협회를 비롯한 18개 축산단체는 사료업계에 대한 과징금이 사료가격 인상으로 연결되기 때문에 선처를 요청하는 탄원서를 제출했다고 한다.

농림축산식품부는 사료시장의 경쟁 상황 등을 고려할 때 사료업체 간 담합은 어려운 상황이며, 축산농가의 가격협상력이 사료회사보다 오히려 높다는 납득하기 어려운 논리의 검토의견서를 공정거래위원회에 제출했다고 한다. 이러한 행위는 공정거래위원회의 판단과 결정에 영향을 주고 결과적으로 사료업계에 면죄부를 주는 것이다. 실제로 이번 사료가격 담합의 기본과징금 부과율이 3년 전 비료 사례의 3%나 2014년 평균 4.16%에 비해 훨씬 작은 수준으로 결정된 배경에 이 같은 의견이 영향을 미친 것으로 판단된다.

축산단체의 우려대로 만약 과징금이 사료가격 인상으로 귀결된다면 그 자체가 사료업계의 우월한 가격결정력을 의미한다. 지난 한 해 농협사료가 세 번에 걸쳐 가격인하를 하는 동안 민간 사료업체들이 일제히 모르쇠로 일관한 것도 담합이 아니면 설명하기 어렵다. 공정거래위원회의 이번 결정은 민간사료업체들의 명시적·묵시적 담합구조를 깸으로써 합리적이고 경쟁적인 사료가격을 가능하게 하고, 사료산업의 효율적 구조조정을 촉진하게 될 것이다.

이제 공은 법정으로 넘어갔다. 과징금을 부과받은 사료업체들이 소송을 제기한다고 한다. 이번 기회에 사료원료를 공동으로 구매하고,

사료가격을 담합하는 사료업계의 관행을 뿌리 뽑아 공정한 경쟁을 통해 축산업의 건전한 발전을 도모하는 계기로 삼아야 한다. 축산단체와 농정당국은 이제라도 축산농가를 불공정거래로부터 보호해 경제 정의를 세우고 축산업의 경쟁력을 강화하는 본연의 임무를 다해야 할 것이다.

물가 대책,
대책이 필요하다 (농민신문 2011. 9. 5)

물가에 비상이 걸렸다. 거의 모든 생필품 가격이 오르고 있으며, 특히 농산물과 식료품 가격의 상승이 가파르다. 예년보다 훨씬 이른 추석을 앞둔 정부는 전전긍긍하며 온갖 지혜(?)를 다 짜내고 있다. 심지어는 국민들에게 물가 안정대책을 공개적으로 묻기도 한다. 문제에 대한 대책을 수립하기 위해서는 근본적인 원인을 파악하고 그에 맞는 처방을 내려야 한다. 그러나 정부는 악수 연발이다.

최근 물가 급등은 글로벌 요인과 국내 요인의 합작품으로 볼 수 있다. 국제시장에서는 옥수수 가격이 연일 최고치를 경신하고 있다. 높은 원유가와 미국의 바이오에너지 정책, 이상기후로 인한 작황 부진 등이 원인이다. 평년의 세 배가 넘는 옥수수 가격은 거의 모든 축산물과 유제품, 식품 가격을 견인하고 있다.

국내적으로는 여름 내내 내린 호우와 부족한 일조량이 채소와 과일 생산에 예기치 못한 타격을 입혔다. 즉, 국내외에서 발생한 이상기온으로 인한 일시적 수급 불균형이 물가 급등의 직접적인 원인이다. 그러나 이 불균형의 크기가 너무 커서 통상적인 대비책으로 감당하기 어려운 것이다.

경제협력개발기구(OECD) 국가 중에서도 가장 높은 상승률을 보이는 최근의 물가 위기는 식량안보와 농업의 중요성을 말로만 외치는 정부의 나태와 안일함에 따른 당연한 결과이다. 그런데 정부의 물가대책은 유치하다 못해 우려스럽기까지 하다. 일례로 식품제조업체의 가격담합을 방지하고 경쟁을 통한 가격 인하를 유도하기 위해 도입한 오픈프라이스제❶를 가격 상승의 주범으로 몰아 퇴출시키고 과거의 권장소비자가격제를 부활시키고 있다. 엉뚱한 곳에 헛발질하는 꼴이라 아니할 수 없다.

〈농안법〉을 개정하여 가락시장의 경매가격이 급등락할 경우 주식시장에서 운영하는 일시적 가격제한과 같은 제도를 도입한 것도 같은 맥락으로 이해할 수 있다. 헤지펀드나 개미투자자 등 투기적 거래자가 많은 주식시장의 경우 심리적 공황으로 인해 한쪽으로 쏠리는 부화뇌동(herd behavior)을 차단하기 위한 서킷 브레이커❶나 사이드카❶ 등의 제도가 때론 효과적일 경우도 있다. 그러나 대부분 실물거래자로 구성된 농산물 도매시장의 가격 결정은 시장의 수급에 의해 결정된다. 일시적으로 거래를 중단시킨다고 해서 수급 불균형이 단기간에 해결될 리 없다. 오히려 가격정보를 왜곡시켜 시장의 효율성을 저해할 가능성이 많다. 수매자금을 이용해 미곡종합처리장(RPC)들에게 쌀 가격 인하를 유도하는 것도 시장기능을 이해하지 못하는 데서 오는 헛발질이다. 매입호가로 수급을 반영한 시장가격을 변화시킬 수 있다면 우리 쌀시장은 근본적으로 문제가 있는 것이다.

수급 불균형에 의한 가격파동은 무엇보다 시장기능을 통해 풀어야 한다. 우선 정확한 시장정보가 원활하게 흐르도록 하고, 독과점을 방지하여 경쟁을 유도하는 것이 중요하다. 이런 관점에서 정부의 미곡 통계를 재점검할 필요가 있다. 끝없이 폭락하던 쌀 가격이 순식간에 급등세로 돌아서서 정부 재고를 다 쏟아 부을 정도가 되면 정부 통계에 문제가 있을 가능성이 많다.

또한 수급동향과 가격을 예측하는 관측시스템이 정확하게 작동하는 것도 중요하다. 현재 한국농촌경제연구원이 독점적으로 수행하는 관측사업에 대해 외부 전문가를 통한 객관적 점검이 필요하다. 지난 10여년간 수행되었던 관측사업의 정확성은 얼마나 되며, 누구에게 어떻게 활용되고 있는지, 개선점은 무엇인지 등에 대한 종합적이고 체계적인 해부가 필요해 보인다.

용어해설 *i*

오픈 프라이스제(Open price system / policy)

권장소비자가격제와 달리 최종 판매업자가 판매가를 표시하는 제도이다. 1997년 실제 판매가보다 부풀려 소비자가격을 표시한 뒤 할인해 주는 권장 소비자가격제의 폐단을 근절하기 위해 화장품에 처음 도입되었다. 1999년 9월 12개 공산품으로 확대하고, 2010년 권장소비자가격과 실제 판매가격의 차이가 20% 이상인 가전제품, 의류, 식품 등 243개 품목을 대상으로 오픈 프라이스제를 시행했다. 그러나 2011년 7월 과자, 빙과, 아이스크림, 라면 등 4개 품목에 대한 오픈 프라이스제가 폐지되었다.

[출처 : 시사상식사전, 편집]

서킷 브레이커(Circuit breakers)

주식시장에서 주가가 갑자기 급등하거나 급락하는 경우 시장에 미치는 충격을 완화하기 위해 주식의 매매를 일시 정지하는 제도이다. 1987년 미국의 사상 최악의 주가 대폭락사태인 블랙먼데이(Black Monday) 이후 주식시장의 붕괴를 막기 위해 처음으로 도입되었고, 한국에서는 1998년 12월 주가 제한폭이 확대되면서 투자자의 손실을 보호하기 위해 도입되었다.

[출처 : 두산백과, 편집]

사이드카(Side car)

선물시장이 급변할 경우 현물시장에 대한 영향을 최소화하여 현물시장을 안정적으로 운용하기 위해 도입한 프로그램 매매호가 관리제도로 주식시장의 서킷브레이커와 유사한 제도이다.

[출처 : 두산백과, 편집]

04

꿈을 주는 희망농정

농업을 사랑하는
대통령이 되시길 (농민신문 2012. 12. 28)

먼저 한국의 새로운 5년을 책임질 대통령에 당선되신 것을 축하합니다. 소위 2030대 5060의 대결로 불리는 이번 대선 결과는 젊은 세대의 정권교체 염원에 맞선 박근혜에 대한 무조건적인 지지의 승리였으며, 그 중에서도 농촌에 거주하는 어르신들의 절대적 지지가 있었기에 가능한 것이었습니다.

그러나 이는 이상한 현상이 아닐 수 없습니다. 현 정권 5년간 우리 농업은 최악의 상황으로 내몰렸고, 이는 대통령과 집권여당의 농업경

시와 철학의 부재에 기인했기 때문입니다. 그 결과 농가소득이 도시 가계의 60% 밑으로 추락했고, 한국농촌경제연구원에 의하면 2021년에는 43% 수준으로 하락할 것이라고 합니다. 우리 농민들이 스스로 목숨을 버리는 비율은 경제협력개발기구(OECD) 국가 중 가장 높다는 한국 평균의 두배에 달합니다.

그럼에도 불구하고 농촌에 거주하는 대다수가 정권교체 대신 당신을 택했습니다. 농업전문가들의 눈에는 납득이 가지 않는 선택이 아닐 수 없습니다. 그러나 이유가 무엇이든지 중요한 것은 그랬다는 것입니다. 그렇게 해서 당신은 우리 농업과 농촌의 명운을 책임지게 되었습니다. 부디 농업과 농촌을 사랑하는 대통령이 되시기를 바랍니다. 그래서 벼랑 끝으로 내몰린 우리 농업을 살려주십시오.

농업을 어렵게 하는 근본적인 원인은 무엇보다 끝없는 시장개방에 있습니다. 1995년 세계무역기구(WTO) 출범 이후 시작된 각종 자유무역협정(FTA)은 농업을 전 세계적인 경쟁의 장으로 내몰았습니다. MB정부 동안 한 · 유럽연합(EU) FTA와 한 · 미 FTA가 발효됐고, 가공할 만한 충격이 예상되는 한 · 중 FTA 협상이 시작됐습니다. 2014년에는 관세화를 통한 쌀 시장개방이 예정돼 있습니다. 수출에 바탕을 둔 한국경제의 특성상 무역자유화가 불가피한 면이 있다지만, 그로 인한 농업의 희생은 너무 가혹한 것이었습니다. 어느 날 갑자기 밀어닥친 거대한 개방의 물결에 당황해하고 무기력과 절망에 빠진 농민들의 마음을 헤아리시기 바랍니다.

그 누구에게도 어느 일방의 이익을 위해 농업의 희생을 요구할 권리는 없습니다. 시장개방으로 인한 피해를 금전적으로 보상하는 것도 농업을 천직으로 여기는 농민들의 자존심을 보상할 수 없습니다. 그것도 잔뜩 생색내면서 주는 시혜적인 농업지원일 경우에는 더욱 그렇습니다. 경쟁력을 명목으로 무분별하게 투입된 각종 정책자금은 농가부채의 급격한 증가만을 가져왔다는 것도 아셔야 합니다. 우리 농업에 희망을 얘기하기에는 상황이 너무 열악합니다. 억대 소득의 신화에 가려진 절대 다수 농민들의 고통을 이해하시기 바랍니다. 통계청 조사에 의하면 그들은 농사지어 한달 평균 73만 원을 벌고 있습니다. 대학생들이 아르바이트로 버는 88만 원에도 미치지 못하는 소득에 절망하는 국민이 있음을 아시기 바랍니다.

새 대통령 앞에 놓인 과제가 결코 만만치 않은 것임을 우리 모두 잘 알고 있습니다. 그러나 농업은 모든 산업의 으뜸이며, 국가경영의 기초임을 이해하시기 바랍니다. 무엇보다 농업과 식량문제에 대한 단단한 철학을 가지시기 바랍니다. 식량안보를 넘어 식량주권을 회복해 주십시오. 식량자급률 22%로는 결코 선진국이 될 수 없습니다. 우리 사회에 푸드 정의ⓘ를 세워 모든 사람이 올바른 먹거리를 생산하고 먹을 수 있게 해주시기 바랍니다. 우리 농업이 다시 희망을 품을 수 있도록 농민들의 마음을 헤아리고 농업에 대한 확고한 철학을 가진 정책 관료들을 중용하시기 바랍니다. 대한민국과 한국 농업을 위해 꼭 성공한 대통령이 되시기를 기원합니다.

푸드 정의(Food justice)

사회의 모든 구성원들이 안전하고, 영양가 있으며, 문화적으로 보편타당한 먹을거리를 양적으로나 질적으로, 인간의 존엄성과 건강한 생활을 유지하는데 충분한 수준에서 이용할 수 있어야 한다는 개념이다. 식량 정의, 먹거리 정의로 불리기도 한다. 농지불평등 완화, 농업 및 식품산업 노동자의 인권과 복지, 동물복지, 생태 및 생물다양성 보호, 계층별 식량접근 불평등의 완화, 전 세계 기아 문제에 대한 관심, 공정무역, 기업의 먹을거리 범죄에 대한 대응 등의 운동이 푸드 정의의 관점에서 이루어지고 있다.

무역이득공유제는
정의다 (농민신문 2015. 1. 1)

2004년 한·칠레 자유무역협정(FTA)❶ 이후 10년간 미국·중국·유럽연합(EU)·인도·베트남 등과의 무역자유화 협정이 숨 가쁘게 이어지고 있다. 사실상 거의 완성된 한국의 'FTA 지도'는 속도 면에서 세계에서 유례가 없을 정도로 빠르게 그려졌을 뿐 아니라, 체결국의 인구수도 60억 명에 이르러 전 세계의 85%를 커버하는 거대한 규모다.

이는 자동차나 전자제품 등에 엄청난 기회가 되는 반면, 국제경쟁력이 취약한 농업에는 세계 최강의 농민들과 생존을 두고 경쟁해야 하는 처절한 현실을 의미한다. 이에 따라 FTA 무역자유화로 이익을 얻는 산업의 이익 일부를 환수해 피해를 입는 농업에 지원하는 소위 무역이득공유제❷를 위한 FTA 지원특별법 개정안이 2012년 국회에 상정됐다. 그러나 이 법안은 2년이 지나도록 정부의 반대로 법사위에 계류 중에 있다.

무역이득공유제를 반대하는 논리는 헌법에 명시된 자유경쟁 및 사유재산권을 위협하는 '위헌론'과 무역이익의 크기와 수혜자를 특정하기 어렵다는 '기술적 불가론'이 주를 이룬다. 우선 무역의 이득을 추정하기 어렵다는 주장은 현재 FTA 피해보전직불제❸를 실행하고 있음을 고려할 때 설득력이 떨어진다. FTA로 인한 농업의 피해를 정확하게 산정하는 것은 쉬운 일은 아니지만, 다양한 상황에 따라 수입기여도를 추정해 농업의 피해를 보상하는 노력을 고려할 때 FTA 수혜 산업의 이득을 추정하는 것은 경제학적으로 불가능한 과제가 아니다.

무역이득공유제가 헌법에 반한다는 주장은 더욱 설득력이 떨어진다. 헌법 119조는 1항에 자유로운 경제 질서를 존중함을 명시하면서도 2항에 '국가는 균형 있는 국민경제의 성장과 적정한 소득의 배분을 유지하고, 경제주체 간의 조화를 통해 경제의 민주화를 위하여 경제에 관한 규제와 조정을 할 수 있다'고 규정해 산업간 이익의 균형을 맞추기 위한 국가의 역할을 강조하고 있다. FTA가 무역확대를 통해 경제성장과 국부의 증가를 가져온다는 점에서 정부의 정책변화로 인한 일부 산업의 피해를 허용하는 공리주의적 관점을 실용적인 측면에서 인정할 수 있다. 그러나 FTA가 특정산업의 이익을 추구한다는 점에서 이로 인해 피해를 입는 산업에 보상하는 무역이득공유제는 헌법에 명시된 경제민주화 정신에 정확하게 부합하는 것이다.

무역이득공유제의 보다 높은 명분은 대한민국 헌법 전문에 명시돼 있는 '정의(justice)의 실현'에 있다.

한국사회에 정의신드롬을 불러 온 하버드대의 마이클 샌델 교수는 정의로운 사회는 단순히 공리를 극대화하거나 선택의 자유를 확보하는 것만으로 만들 수 없다고 설파하면서 사회는 시민들이 사회 전체를 걱정하고 공동선에 헌신하는 태도를 키울 방법을 찾아야 한다고 요구하고 있다. 〈정의론(A Theory of Justice)〉을 저술한 하버드대의 롤스 교수는 보다 분명하게 정의를 정의(定義)하고 있다. 그는 "모든 사람은 전체 사회의 복지라는 명목으로 유린될 수 없는 정의에 입각한 불가침성을 갖는다. 그러므로 정의는 타인들이 갖게 될 보다 큰 선을 위하여 소수의 자유를 뺏는 것이 정당화될 수 없다"고 주장하며 "소득과 부를 불공평하게 분배할 때는 사회의 최소 수혜자도 이익을 얻을 수 있을 때 정의롭다"고 강조하고 있다.

전체 경제와 국민을 위한 FTA로 인한 농업의 피해를 충분히 보상할 때 비로소 우리 사회는 정의롭다고 할 수 있다. 제도 실행을 위한 기술적 난제는 전문적 식견과 중지를 모으면 얼마든지 해결할 수 있다. 정부는 헌법에 명시된 정의를 실현하기 위해 노력할 의무가 있다.

자유무역협정(Free Trade Agreement)

FTA는 협정을 체결한 국가 간 상품이나 서비스 교역에 대한 관세 및 무역장벽을 철폐함으로써 배타적인 무역특혜를 부여하는 협정이다. WTO가 모든 회원국에 최혜국대우를 보장하는 다자주의를 원칙으로 하는 반면, FTA는 양자주의 및 지역주의적인 특혜무역체제이다. 한국은 한·칠레 FTA를 시작으로 2016년 1월 현재 칠레, 싱가포르, EFTA(4개국), 아세안(10개국), 인도, EU(28개국), 페루, 미국, 터키, 호주, 캐나다, 중국, 뉴질랜드, 베트남 등 14건의 FTA를 발효하였다.

[출처 : 관세청 FTA 포털, 편집]

무역이득공유제

FTA로 수혜를 보는 산업의 순이익 중 일부를 환수해 농·어업 분야 등 피해산업을 지원하는 제도이다. 2012년 무역이득공유제를 포함하는 「자유무역협정 체결에 따른 농어업인 지원특별법」 개정안이 국회 농림수산식품위원회에서 발의돼 통과됐으나, 산업계의 반발로 4년간 법제사법위원회에서 계류 중이었다. 2015년 말 여야정협의체에서 한·중 FTA에 따른 농어업 분야 피해 대책의 일환으로 향후 10년간 연 1000억원, 총 1조원의 기금을 FTA 수혜기업과 농수협의 자발적 기부를 통해 조성하고, 부족한 부분은 정부가 부담하는 방식의 기금 도입이 결정되었다.

[출처 : 한경 경제용어사전, 편집]

FTA 피해보전직불제

FTA 이행에 따라 수입량의 급격한 증가로 국내 가격이 하락하여 피해를 입은 품목의 재배농가에 피해의 일부를 지원하는 제도이다. 2004년 한·칠레 FTA 발효를 계기로 농업분야 피해대책의 하나로 도입되었다.

무역이득공유제,
다시 논의를 (경향신문 2015. 12. 24)

국회에서 무역이득공유제 도입이 합의되면서 중국과의 자유무역협정(FTA)이 극적으로 비준됐다. 그러나 졸속으로 처리된 무역이득공유제가 또 다른 갈등과 분쟁의 씨앗이 되고 있다. 향후 10년간 연 1000억 원, 총 1조 원의 기금을 FTA 수혜기업과 농수협의 자발적 기부를 통해 조성하고, 부족한 부분은 정부가 부담하는 방식으로 한다는 것이다. 이러한 내용을 둘러싸고 농업계와 비농업계 간에 날 선 논쟁이 벌어지고 있다. 여기에 언론들이 나서서 이 싸움을 부추기고 있다. 정확하지도 않은 수치를 내세워 '농업 퍼주기', '밑 빠진 독에 물 붓기' 등의 수사로 벼랑 끝에 선 농어업을 마녀사냥식으로 매도하고 있다. 이는 국민들 간에 불필요한 갈등을 증폭시켜 국력 낭비를 가져오고 갈 길 바쁜 경제운용에 커다란 짐을 지우는 것이다.

한국의 FTA 지도는 속도 면에서도 세계에서 유례가 없을 정도로 빠를 뿐만 아니라, 전 세계 GDP의 75%를 커버하는 거대한 시장이 됐다. 이는 자동차나 전자제품 등 수출산업에는 엄청난 기회가 되지만, 국제경쟁력이 취약한 농업으로서는 세계 최강의 농민들과 생존을 두고 경쟁해야 하는 처절한 현실을 의미한다. 무역이득공유제는 "모든 사람은 전체 사회의 복지라는 명목으로 유린될 수 없는 정의에 입각한 불가침성을 가진다. 그러므로 소득과 부를 불공평하게 분배할 때는 사회의 최소 수혜자도 이익을 얻을 수 있어야 한다"고 주장한 하버드대 롤스 교수의 '정의론(正義論)'에 입각한 것이다.

경제민주화는 박근혜 대통령의 핵심공약이다. 헌법 119조는 1항에 자유로운 경제 질서 존중을 명시하면서도 2항에 "국가는 균형 있는 국민경제의 성장과 적정한 소득의 배분을 유지하고, 경제주체 간의 조화를 통해 경제의 민주화를 위하여 경제에 관한 규제와 조정을 할 수 있다"고 규정해 산업간 이익의 균형을 맞추기 위한 국가의 역할을 강조하고 있다. FTA가 무역 확대를 통해 경제성장과 국부의 증가를 가져온다는 점에서 정부의 정책변화로 인한 일부 산업의 피해를 허용하는 공리주의적 관점을 수용할 수 있다. 그러나 FTA가 특정 산업과 경제주체들의 이익을 추구한다는 점에서 이로 인해 피해를 입는 산업에 보상하는 무역이득공유제는 헌법에 명시된 경제민주화 정신에 부합하는 것이다.

그러나 한·중 FTA 결과 예상되는 농업의 피해를 민간기업과 농수협의 자발적 기부 형식으로 재원을 마련하기로 한 여야 합의안은 그 효과는 차치하더라도 무역이득공유제에 담긴 철학에도 맞지 않는 것이다. 10년 후 1조 원 규모의 기금이 조성된다 하더라도 이자수입으로 환산하면 연 200억 원도 되지 않는다. 이는 FTA로 인한 농어업의 피해에 턱없이 부족한 것이다. 수혜기업의 자발적 기부를 통한 기금 조성도 실현 가능성이 매우 낮은 생색내기에 지나지 않는다. 여기에 피해 당사자의 자조 조직인 농수협에도 부담을 지우는 것은 무역이득공유제에 대한 몰이해의 극치이다. 정치적 이해다툼에만 몰두하는 국회의 졸속 결정으로 농업과 비농업의 갈등만 증폭되고 농어민들만 염치없는 집단으로 매도되고 있다.

　무역이득공유제는 FTA 때마다 등장하는 대책들이 양적으로나 질적으로 충분하지 않을 뿐만 아니라, 이러한 대책들이 매우 시혜적이고 농업에 대한 부정적인 시각에 기반을 두기 때문에 등장한 것이다. 무역이득공유제의 본질은 농업의 희생에 대한 인식의 정립이고 이의 공식적인 인정이다. 이를 통해 농업에 대한 대책과 예산의 배분이 정당한 것임을 천명하는 것이다.

　FTA의 주 수혜자는 수출기업뿐만 아니라 식품산업, 농산물 수입업자, 소비자들이다. FTA로 이득을 보는 모든 주체들이 피해 부문에 보상한다면 무역이득공유제는 당연히 정부 예산으로 실행해야 한다. 그래야 무역이득공유제의 철학에도 맞고 실효성도 담보할 수 있다. 또 불필요한 논란도 잠재울 수 있을 것이다. 다시 논의해 제대로 만들어야 한다.

'친환경농업' 인정하고
도려내고 다시 시작하자 (농민신문 2014. 8. 13)

　생태계를 보전하고 안전한 먹거리를 생산하는 '친환경농업❶'은 끝없는 시장개방 시대에 선택이 아니라 필수일 수밖에 없다. 정부가 친환경농업 원년으로 선포해 제도적·재정적 지원을 시작한 1998년 이후 16년간 친환경농업은 100배 이상의 양적인 확장을 거듭해 왔다. 잊을 만하면 한번씩 터져 나오는 농약파문도 친환경농업의 성장을 막지 못했다. 정부가 만든 인증체계와 감독 능력을 믿는 소비자가 있었기 때문이다.

　그런데 최근 KBS의 보도(2014년 7월 31일, 8월 7일)에 의해 친환경농업의 어두운 그늘이 백일하에 드러났다. 정직하고 우직한 농업인의 그늘에 숨어 부당한 이익을 탐하는 농업인과 자신들의 임무를 망각하고 조직적 부정의 주범이 된 인증기관, 숫자적 목표만 지향하는 무능하고 무책임한 지자체에 주무관청의 관리·감독 실패가 더해져 일상화된 총체적 부실과 부정은 충격 이상이었다.

　만약 그 방송내용 중 단 한가지라도 사실과 다른 것이 있다면 KBS를 허위사실 보도에 의한 명예훼손과 사회적 혼란을 야기한 책임을 물어 법적으로 대응해야 한다. 실제로 그렇게 되기를 바라는 마음이다.

　그러나 아는 사람은 안다. 올 것이 왔다고. 그리고 그것이 진정한 친환경농업을 위해 필요한 진통이라는 것을. 친환경농업은 농사를 짓지 않는 사람의 눈에도 어려워 보인다. 작물보다 더 생명력이 강한 잡초와 투쟁해야 할 뿐만 아니라, 병충해로 죽어가는 자식을 살리고 싶은 마음, 눈 질끈 감으면 얻을 수 있는 이익과 끝없이 갈등해야 한다.

친환경농업은 기술이 아니라 철학과 신념에 바탕을 두어야 할 수 있는 것이다. 그리고 그렇게 생산된 농산물은 그에 걸맞은 대접을 받아야 한다.

그러나 친환경농업이 양적으로 확장되는 만큼 친환경농산물에 대한 의심과 부정적 시각도 커져갔다. 신뢰하기 어려운 무늬만 친환경인 농산물을 비싼 값에 사고 싶은 소비자는 없을 것이다. 부정한 사람들이 사이비 친환경농산물로 친환경직불금, 지자체 보조금과 포상으로 부당한 이익을 취하는 동안 진실한 농업인들만 바보처럼 고군분투하는 친환경농업은 이제 바뀌어야 한다.

이번 일을 전화위복의 계기로 삼아야 한다. 모든 것을 인정하고 환골탈태해 친환경농업의 진정한 원년으로 삼아야 한다. 그 길만이 한국농업이 살 길이기 때문이다. 한국농업이 살 길은 규모화나 전문화를 통한 가격경쟁력이 아니라 국민과 소비자의 마음을 사는 것이기 때문이다.

정부는 실적과 예산을 둘러싼 숫자놀음을 그만두고 차근차근 계단을 쌓아 올려야 한다. 생명을 살리는 철학으로 시작된 친환경농업의 본질을 살려야 한다.

우선 인증체계를 수술해서 소비자의 전폭적인 신뢰를 얻을 수 있게 해야 한다. 인증기관의 옥석을 가려 도려내고, 정직한 인증기관이 법을 위반하지 않아도 운영될 수 있도록 충분한 보상체계를 수립해야 한다. 친환경농산물이 정부의 보조가 아니라 시장에서 제대로 평가받고 가치를 인정받을 수 있도록 해야 한다. 친환경농산물 전문거래소를 설립하고 친환경농산물을 엄격하게 걸러내는 검사시스템도 정립해야 한다.

친환경농업은 생산자와 소비자가 함께 만들어 가는 것이다. 친환경농업의 철학과 중요성을 이해하는 양식 있는 소비자가 정직하게 생산해 농업의 품격을 지키는 농업인들의 손을 잡을 때 진정한 친환경농업이 가능해진다. 처음부터 다시 시작하자.

친환경농업(Environmentally-friendly agriculture)

홍수조절, 토양보전 등 농업의 공익적 기능을 최대한 살리고 화학비료와 농약 사용을 최소화하여 친환경적으로 농산물을 생산하는 농업이다. 정부는 기존의 「친환경농업육성법」을 개정한 「친환경농어업 육성 및 유기식품 등의 관리·지원에 관한 법률」을 기반으로 친환경농업 발전 정책을 추진하고 있다. 법률에서는 친환경농어업을 통해 생산된 농수산물을 유기농수산물과 무농약 농수산물 등(무농약 농산물, 무항생제 축산물, 무항생제 수산물 및 활성처리제 비사용 수산물)으로 구분하고, 2001년부터 친환경농산물에 대한 국가인증제를 실시하고 있다. 2010년 저농약 농산물에 대한 신규 인증이 중단되고, 2016년 이후 저농약 농산물 인증이 폐지될 예정이다.

통일,
북한 공영도매시장으로 준비하자 (농민신문 2014. 2. 19)

　최근 발생한 북한 내부의 정치적 급변 사태가 한반도 통일 논의에 불을 지폈다. 박근혜 대통령의 '통일대박론❶'은 세계적인 주목을 끌고 있으며, 통일 비용과 편익, 통일한국의 경제적 가치에 대한 추론들이 쏟아져 나오고 있다.

　그러나 정작 통일로 가는 합리적 과정과 이를 위한 준비에 대한 논의는 매우 부족하다. 통일의 경제적 비용과 사회적 갈등을 최소화하고 경제적 편익과 가치를 높이는 방안을 모색하는 것은 2014년 현재 우리에게 주어진 최우선 과제다.

　독일 사례에서 보듯이 통일은 한순간에 올 수 있다. 20년간 동독에 대한 체계적인 지원을 통해 준비했음에도 갑자기 닥친 통일은 천문학적인 비용을 요구했고, 오랫동안 독일경제의 숨통을 조였다. 정권에 따라 대북정책이 널뛰기하는 우리의 경우 통일한국이 짊어질 고통은 훨씬 더 클 것으로 예상된다.

　한반도를 둘러싼 작금의 상황을 고려할 때 체계적이고 일관된 통일 준비가 시급하게 필요하다. 최근 박근혜 대통령이 주문한 대북 식량지원과 농업기술 제공은 최우선적으로 이뤄져야 하는 준비과정이다. 그러나 이에 못지않은 중요한 과제가 북한 내에 공정하고 효율적으로 작동하는 농산물도매시장을 설립하는 것이다.

1990년대 북한에서는 급격히 악화된 재정난으로 배급제가 붕괴하고, 수많은 아사자가 발생한 고난의 행군❶ 이후 시장은 북한 주민에게 생존을 위한 절대적 수단이 되었다. 20년이 지난 지금 북한의 시장화는 과거 동독이나 개방 당시의 중국을 뛰어넘어 90% 가까이 진전됐다고 한다. 여러 우여곡절을 겪었지만, 시장은 이미 북한 경제의 기본 운영체계가 됐다. 그러나 역사적으로 증명된 바와 같이 북한에서도 시장의 힘은 너무 강해 때로는 체제안정을 위협할 소지가 있었고, 이에 따라 도입된 급격한 시장통제정책은 시장의 건전한 발전을 저해할 수밖에 없었다.

시장의 가장 중요한 역할은 한정된 자원을 효율적으로 배분하는 기준으로서의 합리적인 가격을 결정하는 것이다. 무엇을 언제 어떻게 생산·유통·소비할 것인가는 모두 가격을 기준으로 결정된다. 그러나 시장경제와 계획경제의 불편한 동거 속에서 북한의 시장은 제대로 작동되지 못하고 있다. 북한 정부의 국정가격은 생산과 유통에 혼선만 주고 있으며, 요동치는 시장가격은 자원배분의 효율성을 심각하게 저해한다. 이는 시장참여자 간 정보의 비대칭성과 상인들의 일방적인 시장교섭력, 그리고 체계적인 시장관리의 부재에 기인한다.

공산주의 종주국인 러시아나 중국이 개방 당시 시장경제체제를 도입하면서 가장 먼저 한 일이 미국과 유럽의 시장전문가를 초청해 제도적 시장을 건립하는 것이었다. 이는 자생적으로 형성된 시장의 비효율성과 불공정거래 가능성을 최소화하면서 시장경제체제로 효과적으로 편입하고자 하는 당연한 행보였다. 북한 정부에 의해 합리적이고 공정하게 관리되는 효율적인 시장은 급변하는 남북관계 속에서 시장경제에 대한 불안감과 거부감을 줄이고 경제성장을 촉진하여 통일의 안정적 연착륙을 가능케 할 것이다. 이는 가격안정화와 자원의 효율적 배분을 통해 북한의 식량문제를 해결하는 데도 커다란 기여를 할 것이다.

통일한국이 시장을 기반으로 운영돼야 한다면 북한 공영도매시장의 설립은 통일 준비의 첫 걸음이 되는 중요한 과제이다. 우리는 이미 훌륭한 도매시장을 운영하고 있다. 외국의 많은 국가가 우리 시장과 운영체계를 배우려고 방문하고 있다. 우리의 이러한 시장운영 경험과 노하우는 개방과 통일을 준비하고 있는 북한에 접목되어 체제이행을 신속하게 하고 통일비용을 낮추는 데 중추적인 역할을 할 수 있을 것이다.

통일대박론

박근혜 대통령이 2014년 1월 6일 신년 기자회견 중 "통일은 대박이라고 생각한다. 한반도의 통일은 우리 경제가 실제로 대도약할 기회다."라고 언급한 말에서 비롯된 용어이다. 남과 북이 통일된다면 한국이 경제적으로 엄청난 이익을 얻을 수 있다는 논리로 박근혜 정부는 아시아와 유럽을 연결하는 통합철도망 '유라시아 이니셔티브' 등 통일대박론의 엄청난 이익을 뒷받침해주는 사업 구상안도 제시한 바 있다. 그러나 박근혜 정부 이후 경색된 남북관계로 실현 가능성과 정부의 추진 의지 등이 이슈가 되었다.

고난의 행군

북한에서 1990년대 중반 최악의 식량난으로 약 33만 명의 국민들이 아사하자 김일성의 항일 활동 시기 어려웠던 상황을 상기시켜 위기를 극복하려고 채택한 구호이다. 고난의 행군 시기(1996~2000년) 아사자가 300만 명이라는 주장도 제기되었지만, 2010년 11월 통계청이 유엔의 인구센서스를 바탕으로 발표한 북한 추계 인구에 따르면 실제 아사자수는 약 33만여 명으로 추정된다.

농림수산식품부
조직개편 단상 (농민신문 2011. 6. 1)

지구상의 거의 모든 선진국들은 산업화를 통해 이루어졌다. 이러한 과정에서 농업은 쇠퇴하고, 농촌이 해체되는 공통된 과정을 겪는다. 그러나 그 속도와 방식은 농업에 대한 생각과 철학에 따라 다르게 나타난다. 불행히도 한국 농업은 산업국가 가운데 가장 빠른 해체 과정을 겪고 있다. 정권이 바뀔 때마다 정책기조는 널뛰기하고 농민들은 제도적 충격을 견디지 못해 무너져 갔다.

농정기조의 변화는 농정조직의 변화에 그대로 투영된다. 최근 농업의 외연적 확대가 빠르게 진행되고, 농정의 방점이 식품과 수출에 찍혀 있음을 고려할 때 조직체계의 변화는 필수적일 수 있다. 그러나 조직체계의 잦은 변화는 전체를 관통하는 농정철학의 부재를 의미하며, 이는 결과적으로 엄청난 혼란과 비능률을 초래한다는 점에서 신중해야 한다.

현 정부 출범과 함께 농정조직은 소위 미래지향적 농업을 위한 조직으로의 변신이 시도되었다. 그러나 가시적 성과보다는 정책적 혼선만 가득해 보인다. 쌀과 배추 등 급등락하는 농산물 가격은 농정당국의 부실한 시장 관리 능력을 나타내고, 구제역 사태는 총체적 무능력을 드러내고 있다.

이러한 와중에 또다시 농림수산식품부의 조직개편이 추진되고 있다. 다행히도 두가지 긍정적 변화가 눈길을 끈다. 하나는 농산물유통국의 부활이고, 또 다른 하나는 농촌정책국의 선임국 지위다. 2007년 농산물유통식품산업국으로 재편된 농산물유통국은 2009년 식품유통정책관 산하의 유통정책과로 쪼그라들었다. 농산물유통국의 부활은 최근 농산물 가격 파동을 겪으면서 효율적 유통을 통한 농산물 가격의 안정화가 얼마나 중요한 과제인지 새삼 깨달은 결과로 볼 수 있다. 유통의 중요성에 대한 농식품부의 뒤늦은 각성은 아쉽지만 환영하지 않을 수 없다.

농정당국 설립 이후 농업정책국에 부여했던 선임국 지위를 농촌정책국으로 이전한 것은 농정기조의 획기적 전환이라는 점에서 중요하다. 기존의 농정은 농업정책을 정점으로 하고, 농촌정책과 소득정책이 뒷받침하는 체제였다. 이는 농정의 중심을 농업 육성에 둔 산업정책으로서의 농정이었다. 이러한 정책기조는 산업화를 위해 농업의 역할을 극대화하는 개발도상국 농정이다.

오늘날 대다수 선진국들의 농정기조는 농촌을 유지하는 데 두고 있다. 농촌에는 사람이 살고, 문화가 있으며, 지역경제의 기반이 되는 구매력이 있기 때문이다. 우리가 농업을 보호해야 하는 이유는 농업이 생산하는, 그러나 시장에서 보상 받지 못하는 다원적 기능을 지속적으로 제공 받기를 원하기 때문이다. 식량안보와 식품안전성 제고, 지역간 균형발전, 도시민들을 위한 휴식공간 제공, 수자원 유지 등이 그것들이다.

오늘날 세계 각국의 주요 수출상품인 전통문화는 활기차고 생명력이 넘치는 농촌이 있어야 가능하다. 이러한 다원적 기능은 소수의 대규모 농가로 구성된 농업이 아니라, 다수의 다양한 형태의 농가로 구성된 건강한 농촌으로부터 나온다. 농업은 이러한 농촌을 위한 생활기반 산업으로서의 기능을 담당해야 한다.

선진국으로 발돋움하는 한국 역시 농정의 중심을 농촌에 두는 정책기조로의 변화가 필수적이다. 농정은 농촌을 지키기 위해 디자인되어야 한다. 이를 위해 안정된 고용과 균형된 생산을 위한 농업정책이 필요하고, 생계를 유지하고 지역민의 교육과 건강·문화생활을 보장하는 소득정책이 되어야 한다. 농촌 중심의 농정을 환영한다.

농식품부 명칭,
농어촌식품부가 되어야 <small>(서울신문 2013. 1. 25)</small>

박근혜 대통령 당선인의 농정 구상이 첫 단추부터 잘못 꿰어졌다. 농정 주무부서인 '농림수산식품부'를 '농림축산부'로 바꿨다. 식품 원료를 생산하는 여러 산업을 단순 병렬하는 개명은 여러 측면에서 잘못된 구상이다. 식품(food)을 단순히 가공된 식품으로만 해석해서 발생하는 오류다.

국가 경영에 있어 가장 중요한 것은 안전한 먹거리(food)를 충분히 제공하는 것이다. 지난날 농업이 중요했던 것은 그 자체로 식품 공급체계였기 때문이다. 농업 내부에서 영농에 필요한 종자나 비료·농기구 등의 자재를 조달해 생산된 농산물을 직접 가공, 유통해 판매했다.

그러나 산업이 세분화·전문화되면서 농업은 농산물 생산을 전담하고, 자재 생산이나 농산물 가공·유통은 전후방산업❶에서 담당해 농업의 의미와 중요성은 크게 달라졌다. 오늘날 식품공급체계는 농자재산업에서부터 농업생산·유통·식품가공·외식을 포괄하는 식품산업이다. 종자 등의 생명공학과 한류 음식문화도 여기에 포함된다. 식품산업은 식품가공산업과 구분해야 한다. 농정 조직은 안전한 식품을 안정되게 공급하는 체계를 관장하는 조직이 돼야 한다.

이명박 정부는 농업과의 상생, 새로운 성장동력 개발, 국가브랜드

제고 등의 목적으로 농정당국에 식품진흥업무를 부여해 농림부를 농림수산식품부로 개편했다. 이때 1996년 해양수산부로 이관됐던 수산부문을 다시 식품공급체계로 복귀시켰다. 당연한 조치였다. 수산정책은 식품정책의 관점에서 운영돼야 하는 것이다. 차기 정부가 수산을 다시 떼내 해양수산부로 부활시키고자 하는 것은 시대 흐름에 역행하는 것이다.

더불어 식품의약품안전청을 처로 승격시켜 식품안전정책의 컨트롤타워 역할을 맡긴 것은 식품정책을 규제 위주의 방향으로 이끌 가능성이 많다는 점에서 우려되는 일이다. 식품안전 업무는 위험 평가❶(과학)와 위험 관리❶(정책), 위험 의사소통❶(정치)의 균형 속에서 이뤄져야 한다. 과학자들로 구성된 위험평가 집단이 주도하는 것은 상위의 식품정책을 하위의 식품안전정책에 종속시키는 오류를 낳게 될 것이다.

마지막으로 농정의 대상이 되는 '농'은 농업이 아니라 농촌이어야 한다. 선진 농정의 핵심은 식량을 생산하는 농업보다는 사람과 문화와 지역경제가 어우러진 농촌을 대상으로 한다. 농업은 농촌을 유지하고 발전시키기 위한 소득원으로서의 역할을 하며, 그런 차원에서 농업발전과 농가소득 정책이 디자인돼야 한다. 그러나 '농림축산부'라는 명칭에는 산업만 있고, 사람은 보이지 않는다. 이는 규모와 경쟁력 위주로 운영된 지난 농정의 과오를 되풀이하게 만들 것이다. 최근 농식품부가 농업정책국이 누리던 선임국 지위를 농촌정책국에 부여한 것은 이러한 농정철학을 반영한 것이다.

'농림수산식품부'는 식품 원료를 생산하는 산업보다는 사람과 식품의 중요성을 반영해 '농어촌식품부'가 되어야 한다. 큰 그림을 그리는 올바른 식품정책이 되기 위해서는 무엇보다 농정 조직의 명칭을 올바르게 하는 것이 필요하다.

전후방산업

특정 산업을 유지하는 데 들어가는 생산요소를 만들어 내는 산업을 후방산업, 그 산업에서 만들어낸 상품·서비스를 이용해 다른 부가가치를 창출하는 산업을 전방산업이라고 한다. 농업을 예를 들면 비료 · 농약 등을 생산하는 산업이 후방산업, 농업 생산물인 농산물을 유통 · 판매하는 산업이 전방산업이다.

위험평가, 위험관리, 위험 의사소통

식품의 위험분석(risk analysis) 시스템은 위험평가, 위험관리, 위험 의사소통으로 구분된다. 위험평가(risk assessment)는 과학적 연구를 통해 식품의 위해 가능성과 심각성의 정도를 평가하는 것이고, 위험관리(risk management)는 위험평가 결과를 정책적 결정으로 전환시키는 종합적인 과정으로 위해기준 설정 등을 의미한다. 그리고 위험 의사소통(risk communication)은 위험평가 및 관리 조치에 대하여 이해관계자 사이에 정보와 의견을 교환하는 절차이다.

큰 그림을 그리는
식품정책이 필요하다 ^(농민신문 2013. 1. 16)

흔히 사람이 사는 데 가장 중요한 요소로 의식주를 꼽는다. 그 중에서도 '식'이 가장 중요한 것임에 틀림없다. 오늘날 입는 것과 사는 곳이 부실해서 죽는 경우는 없지만, 먹는 것은 여전히 생존과 인간 존엄성의 문제이기 때문이다.

음식은 단순한 먹거리를 넘어 문화이자 전통이며, 우리의 삶을 행복하게 하는 묘약이기도 하다. 경제적으로 식품산업은 대다수 국가경제의 기초이자 핵심 동력원이다. 이에 따라 MB정부는 농림수산부에 식품산업을 본격적으로 다루는 조직을 추가하여 농림수산식품부로 개명했다. 이는 MB정부의 가장 혁신적인 업적 중 하나로 평가된다.

그러나 현실은 여전히 안타깝고 우려스럽다. 식품산업의 중요성에 대한 인식과 정책운영 철학이 부재해 식품정책에 혼선이 발생하고 효율적으로 운영되지 못하고 있다. 정부조직법에 의하면 식품진흥업무는 농식품부(31조), 식품안전업무는 식품의약품안전청(33조)이 담당하도록 되어 있지만 식약청이 여전히 식품위생법을 근거로 가공식품 신고 및 허가, 식품진흥기금 등을 담당하고 있다. 이는 식품산업의 육성 주체로 농식품부를 지정한 식품산업진흥법과 상당부분 충돌한다. 식품산업을 육성하기 위해서 식품안전이 필수적인 요소지만 현재와 같이 산업정책이 안전정책에 종속되는 것은 결코 바람직하지 않다. 식품산업 진흥과 식품안전을 포괄하는 식품정책의 총괄기구를 설치해 농식품부를 비롯한 식약청 및 여타 부처의 식품정책과 조율하는 법적·제도적 조정이 필요하다.

이와 함께 식품안전업무에 대한 조정도 필요하다. MB정부를 위기에 몰아넣은 광우병과 구제역 사태에도 불구하고 식품안전업무는 여전히 방향을 잡지 못하고 있다. 식품안전업무는 특정식품의 위험여부를 결정하는 '위험평가'와 이에 근거하여 정책을 만들고 운영하는 '위험관리', 그리고 국내외 이해당사자들에게 관련 정보를 제공하고 소통하는 '위험 의사소통'으로 구성된다.

광우병 사태의 원인이 인간광우병 발병 가능성에 관한 과학적 사실에 있는 것이 아니라 국민들에게 설명하고 설득하는 과정, 즉 위험 의사소통의 실패에 기인한다는 측면에서 식품안전업무를 과학적 사실을 주로 다루는 식약청에 일임하는 것은 바람직하지 않다. 식품정책을 총괄하는 기구가 식품안전뿐만 아니라 식품산업진흥과 국가식량안보를 총체적으로 책임지고, 식약청은 위험평가, 농식품부는 위험관리를 담당하게 해야 한다.

식품이 경제성장의 새로운 동력원이 되기 위해서는 식품산업을 가공산업으로 한정하기보다 더 큰 차원에서 인식하여야 한다. 즉 식품은 먹거리이자 복지이며, 문화인 동시에 국가 정체성이다. 이러한 식품이 그 역할을 충분히 발휘할 수 있기 위해서는 큰 숲을 그리고 가꾸는 통합된 식품정책이 필요하다. 이를 위해 농식품부의 명칭을 농어촌식품부로 개명할 것을 제안한다. 이와 함께 수산부문을 떼어 해양수산부를 부활시키는 것도 재고해야 한다.

현 정부 들어 폐지된 해양수산부를 다시 만드는 것은 합당한 논리나 명분이 빈곤한 정치적 타협의 산물이 아닐 수 없다. 해양수산부는 수산부문을 식품이 아닌 산업의 관점으로만 인식하는 것이다. 수산부문은 식품과 소비자의 관점에서 다루어야 하며, 이를 위해 농식품부 산하의 수산청으로 격상하여 식품정책 부서와 조화를 이룰 수 있게 해야 한다. 식품이 국민의 행복과 국가경제의 안정적 성장을 위해 가장 중요한 기초라는 인식을 바탕으로 제대로 된 식품정책을 만들어야 할 것이다.

농업,
저탄소 녹색성장의 기수 돼야 (경향신문 2014. 3. 26)

　지금 세계는 치명적인 이상기후에 시달리고 있다. 북미 대륙에서는 남극보다 더 추운 날씨가 이어지는 한편, 남미는 50도가 넘는 폭염에 불타고 있다. 오늘날 인류가 당면한 가장 심각한 위협인 기후변화는 온실가스에 의한 지구온난화 때문이라는 것은 이미 잘 알려진 사실이다. 기후변화는 지구의 생태계를 위협할 뿐만 아니라, 대규모 식량파동을 야기할 가능성이 높다는 점에서 매우 중요한 문제이다. 연초 기후변화에 대응하기 위한 온실가스 배출권거래 기본계획이 확정됨에 따라 2015년부터 시행될 배출권거래제의 윤곽이 그려졌다. 시기별 감축목표와 거래방법, 국제시장과의 연계 등 배출권거래 시장이 작동하기 위한 세부 사항들이 만들어지게 됐다. 제도화된 배출권거래 시장의 설립은 환경문제의 해법 및 국제무역과 금융 등에 있어서도 매우 중요한 의미를 갖는다. 그간 자원의 풍부성과 기술수준에 의해 결정됐던 산업의 국제경쟁력은 환경친화성에 의해 재편돼 국제무역의 흐름을 바꿀 것이다. 각국에 허용되는 배출권은 시장가격에 따라 산업의 생산구조를 바꾸거나 그 자체로서 거래될 수 있다. 저탄소 녹색성장은 생산과 소비를 친환경적으로 하는 것을 넘어 탄소를 감축하는 것을 오히려 성장의 동력으로 삼는 전략이다. 생산과정에서 배출되는 탄소를 감축하기 위해 단순히 생산량을 줄이는 대신, 에너지를 적게 사용하는 생산방식으로 바꾸거나, 석유나 석탄 등 화석연료의 투입을 줄이고 탄소배출이 전혀 없는 에너지로 대체하는 생산 양식을 도입하는 것이다. 이러한 과정에서 연구와 기술개발, 시설장비 생산, 투자금융과 보험 등 새로운 산업이 만들어지고 고용과 경제적 가치가 창출된다. 저탄소 녹색성장은 농업에 있어서도 선택이 아니라 필수다. 농업이 녹색산업이기 때문이기도 하지만, 농업의 경쟁력을 강화하고 새로운 성장 동력을 만들기 위해서다. 농업의 모든 활동에는 에너지가 소요되며 온실가스가 배출된다. 우리 농업도 이미 온실가스감축목표 관리제를 통해 생산과정에서 배출되는 탄소를 감축하고 저탄소 농산물에 대한 인증사업도 추진하고 있다. 탄소를 감축하는 상쇄사업도 도입해 탄소배출을 줄이는 동시에 농가소득도 올리는 제도적 장치를 도입했다. 그러나 농업에 있어 저탄소 녹색성장을 위해서는 보다 체계적이고 종합적인 전략의 수립이 필요하다. 탄소중립 농업을 목표로 설정해 각 생산과 유통·소비부문의 탄소발자국을 계산하고, 스스로 얼마나 감축할 것인지를 정하고, 이를 위해 어떤 노력을 해야 하는지 종합적인 대응정책이 수립돼야 한다. 궁극적으로 저탄소 녹색성장은 농정체계의 핵심을 관통하는 키워드와 공통분모가 돼야 한다. 오늘날 세상은 환경이 경제를 지배하는 시대이다. 그리고 그 중심에 시장 메커니즘을 중심으로 하는 배출권거래제가 있다. 배출권거래제는 환경문제를 보다 효율적으로 해결하고 이를 통해 다시 경제성장을 유인하는 선순환구조를 가능하게 한다. 농업도 배출권거래제의 적극적인 활용을 통해 저탄소 녹색성장을 선도하는 기수가 돼야 할 것이다. 농업이 녹색 생명산업이기 때문이다.

농업 개혁의 길

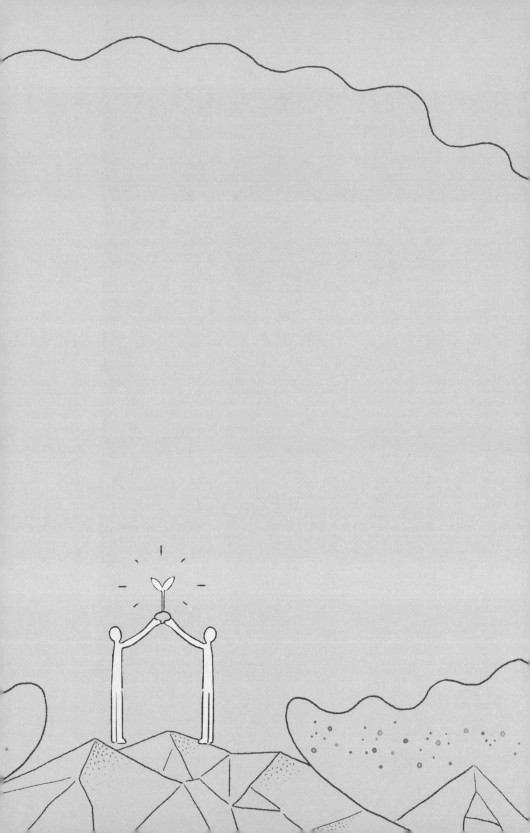

제 5 장
농산물유통 개혁, 제대로 하자

시장도매인제,
임의상장제로부터 교훈 얻어야 (유통in 2014. 3. 20)

　가락시장은 대한민국 대표 시장이다. 표준규격화가 어려운 상품
적 특성과 기상이변 및 병충해로 인한 생산의 불확실성, 그에 따른
가격의 급등락은 농산물 유통의 고질적 문제이다. 절대다수의 소규
모 공급과 수요를 대상으로 해야 하는 점도 난제다. 그러나 가락시
장은 이런 농산물의 유통을 비교적 훌륭하게 처리하고 있다. 전자식
경매를 이용한 공정하고 투명한 가격결정 과정과 결정된 가격을 실
시간으로 시장참여자에게 전달해 생산·유통·소비의 효율적 의사

결정을 가능케 하는 시스템은 전 세계 어느 시장도 견주지 못한다. 도매법인의 효율적 정산시스템과 중도매인의 신속한 물량 분산기능도 타의 추종을 불허한다.

그러나 안타깝게도 가락시장은 그에 걸맞는 평가를 받지 못하고 있다. 가격이 폭등하면 상인들의 독점과 매점매석을 의심하고, 가격이 폭락하면 법인의 수집능력을 비난한다. 유통에 문외한인 정치인이나 유통을 안다고 자부하는 전문가나 크게 다르지 않다. 농산물 유통에 무엇이, 왜 문제인지 알지 못한 채 유통구조와 경매제를 탓하는 것이 전문적 식견인 양 치부되고 있다. 오늘날 우리 농산물 유통이 직면한 가장 커다란 도전이다.

본질적으로 위탁상❶ 제도와 동일한 시장도매인제가 다시 거래제도의 대안으로 등장한 것은 이런 답답한 현실을 그대로 보여주는 것이다. 가락시장은 20여 년 전 위탁상 제도의 극심한 폐해를 방지하고 농산물 유통을 효율화 시키는 목적으로 설립되어 그 역할을 훌륭하게 수행하고 있다. 오늘날 농산물 유통마진❶ 중 도매단계가 차지하는 비중이 8.6%로 산지의 10%, 소매의 23%에 비해 매우 효율적이다. 이는 미국이나 일본 등 선진국의 도매유통과 비교해도 우수한 것이다. 가락시장 운영시스템은 외국에도 수출할 수 있는 훌륭한 공공서비스 상품임에 틀림없다. 실제로 적지 않은 개도국들이 가락시장의 시스템을 배우기 위해 견학을 오고 있다.

그간 경제성장과 도시화, 그리고 식품소비패턴의 변화로 가락시장의 수용능력이 한계에 이르러 시장의 물적 기능을 강화하고 물류효율화를 목적으로 한 시설현대화사업이 2011년부터 추진되고 있다. 그러나 이런 국가적으로 시급한 사업이 시장도매인제의 도입 여부를 놓고 수년 째 표류하고 있다. 시장도매인제 도입의 가장 커다란 명분은 경매제에 비해 유통마진이 줄어들고 가격이 안정적이라는 것이다. 검증되지도 않은 이런 주장은 실제로 10년 전 설립된 강서시장에 도입되어 실험적으로 운영되어 왔다.

그러나 경매제를 건너뛰어 절감된 경매수수료는 적정가격을 찾기 위한 가격발견비용이나 계약이행비용 등 거래비용❶에 미치지 못한다. 경쟁을 통해 결정된 가격이 실시간으로 공개되는 경매제에 비해 출하자와 시장도매인 간에 비공개계약으로 이루어지는 시장도매인제가 시장의 효율성을 얼마나 저해할지 명약관화하다. 이는 현재 8.6%인 도매마진에서 경매비용을 줄이는 것에 비할 수 없는 엄청난 사회적 비용을 초래할 것이다.

시장도매인제가 초래할 문제는 수산물 임의상장제의 경험을 통해 가늠할 수 있다. 1997년 YS 정부는 규제개혁 차원에서 수산물의 강제상장제를 폐지하고 임의상장제를 도입하였다. 당시에는 수산자원의 보호와 거래의 공정성을 위해 모든 수산물은 일차적으로 산지위판장을 통하게 했다. 그러나 투명한 거래로 세원이 노출되는 것을 꺼린 산지수집상들이 어민들에게 좀 더 높은 가격 등 좋은 조건을 제시하고 산지위판장을 우회하였다. 우회유통의 우월한 조건을 선호한 어민들은 점차 강제상장제의 폐지를 요구하였고, '강제'라는 단어를 행정규제로 해석한 당시 정부는 임의상장제를 전격적으로 도입하였다. 그러나 어민들이나 정부 모두 상인들이 제시한 좀 더 좋은 계약조건이 강제상장제 하에서만 가능한 것임을 간과하였다. 강제상장제가 폐지된다면 가격결정의 공정성과 투명성이 상실되어 어민들에게 오히려 큰 폐해가 될 것이라는 것이 1984년 필자의 석사학위논문 결론이었다.

임의상장제가 가져온 문제는 금방 나타났다 ("수산물 임의상장제 개선돼야" 연합뉴스, 1999년 10월 22일). 유통질서가 문란함은 물론 수산물 생산과 유통에 관한 통계체계가 무너져 수산정책과 국제협상에도 커다란 차질을 빚게 되었다. 급기야 2005년 해양수산부는 수산물유통구조개선의 일환으로 강제상장제의 재도입과 산지위판장 운영활성화를 모색하게 되었다. 그러나 MB 정부시절 해양수산부가 폐지되면서 이러한 노력이 무산되어 오늘날 수산물 유통은 정상적으로 보기 어려울 정도로 심각한 문제에 봉착해 있다. 어민들이 다시 강제상장제(또는 계통거래)를 요구하는 것이 현실이다.

우리는 임의상장제의 경험을 통해 교훈을 얻어야 한다. 경매제가 건강하게 운영될 경우 시장도매인제는 대안적인 유통경로로 보일 수 있다. 그러나 시장도매인제가 득세하여 경매제의 위치를 차지하게 되면 심각한 문제가 발생할 것이다. 가락시장은 경매제를 중심으로 운영되어야 하며, 경매제가 훼손될 경우 우리 농산물 유통에 재앙이 될 것임을 명심해야 한다. 몇몇 중도매인의 이익을 위해 다수 농민과 소비자의 희생을 담보하는 우를 범하지 말아야 할 것이다.

위탁상(委託商)

농산물을 위탁 받아 본인의 명의로 판매하는 대리중간상이다. 최초의 공영도매시장인 가락시장 설립 이전에는 농민들이 적정가격도 모른 채 농산물을 위탁상에 맡기고, 그들이 정해 주는 가격으로 정산할 수밖에 없었다. 농민들의 취약한 시장교섭력과 극심한 정보의 비대칭성으로 위탁상의 횡포가 사회적 문제로 떠올라 정부는 가락시장을 설립해 위탁거래를 금지하고 상장경매제를 도입했다.

농산물 유통마진

소비자가 지불하는 가격에서 농가 수취가격을 공제한 값으로 유통 중에 발생하는 여러 기능(수집·운송·포장·가공 등)의 대가인 유통비용과 유통주체의 활동 대가인 유통이윤으로 구성된다.

거래비용

특정한 재화 또는 서비스를 거래하는 데 수반되는 노력과 시간 등을 포함하는 포괄적 비용으로 탐색비용, 협상비용, 감시비용, 담보비용 등을 포함한다. 탐색비용은 사전적 거래비용으로 거래상대자와 시장 정보를 찾는 비용이다. 협상비용은 사후적 거래비용으로 계약내용을 설계하고 협상하며 보장하기 위해 필요한 비용이다. 감시비용은 계약상 의무 이행을 보증하는데 드는 비용이다. 담보비용은 안전한 계약 실행을 위한 비용으로 대금 지불이 이뤄지지 않는 경우 발생한다.

농산물 유통,
조성기능의 정상화가 필요하다 (유통in 2014. 5. 20)

농산물 유통의 효율화는 농산물의 대표가격을 결정하는 가락시장의 효율화에서 시작되어야 한다. 그러나 이는 경매단계를 건너뛰거나 경매 기능을 약화시키는 방향이 아니라 왜곡되고 불합리한 유통조성(promotion) 기능의 정상화로부터 시작되어야 한다. 유통조성 기능이란 상품의 거래(상류)와 흐름(물류)을 신속 정확하고 비용 효율적으로 이루어질 수 있도록 하는 기능을 의미한다.

투명한 가격결정과 신속한 가격발견은 효율적 유통의 전제 조건이다. 이를 위해서는 합리적이고 명확한 등급표준화가 필수적이다. 증권시장이나 선물시장 등 현대적 시장은 경매라는 가격결정 과정을 채택하고 있다. 시장의 모든 정보를 즉시적으로 반영하여 경쟁적으로 가격을 결정하는 과정이 가장 효율적이기 때문이다. 상품의 경우에도 다르지 않다. 그런데 여기에는 거래대상의 표준화가 전제되어 있다. 상품 품질에 따라 등급을 나누고 각 등급에 해당하는 표준을 정하는 것은 거래되는 상품을 직접 확인하지 않는 견본거래나 신용거래를 가능하게 한다. 이는 가격결정을 신속하게 할 뿐만 아니라 거래비용도 하락시킨다.

그런데 가락시장에 출하되는 농산물은 모두 출하자가 자의적으로 판단해 등급을 표기하고, 가락시장은 출하자 등급과 관계없이 경락가격에 따라 다시 등급을 표시한다. 이러한 실태는 품질을 정확하게 적시해 적정가격을 결정하거나 샘플경매를 통해 거래비용을 줄이고 고품질화를 촉진하는 등급화 본연의 기능을 불가능하게 한다. 우리도 제도적으로는 농산물 등급표준화가 운영되고 있다. 그런데 문제는 정부의 등급표준이 소비자 선호나 평가의 합리성과 상관없이 일방적으로 정해져 있기 때문에 시장에서 작동하지 않는다는데 있다. 소비자 중심의 합리적인 등급표준화는 유통효율화를 위한 최우선 과제이다.

2001년에 보다 신속하고 투명한 가격결정을 위해 도입된 전자경매는 보다 효율적인 가격을 가능하게 했지만, 기존의 영국식 경매❶ 방식이 최고입찰가 방식❶으로 바뀌면서 중도매인들은 상대방의 응찰가격을 알지 못하게 되었다. 영국식 경매는 시장 수급여건에 따라 과대응찰의 가능성이 있지만 최고입찰가 방식은 소위 '승자의 저주'를 피하기 위해 자신의 진정한 지불의사보다 낮은 응찰가격을 제시한다고 알려져 있다. 상품의 종류와 시장의 특성에 따라 다양한 방식의 가격결정 과정이 고려되어야 한다. 또한 정부가 의욕적으로 추진하고 있는 정가수의거래도 신속한 가격전파를 통해 경매의 가격발견 기능을 약화시키지 않아야 한다.

1994년 농안법 개정으로 중도매인들은 복수의 도매법인과 거래할 수 있게 되었다. 그러나 가락시장 청과 중도매인의 복수법인 거래❶는 2012년 현재 전체 거래량의 7.5%에 지나지 않는다. 중도매인들의 복수법인 거래는 법인 간 경쟁을 촉진하고 가격격차를 줄여 일물일가를 이루는 데 중요하다. 뿐만 아니라 거래수수료를 인하하고 우수 농산물의 수집활동을 촉진하는 등 중도매인에 대한 서비스의 질을 높이는데도 기여할 것이다. 중도매인의 복수법인 거래를 저해하는 요인을 분석하여 복수법인 거래를 촉진하는 노력도 가락시장의 효율화를 위해 중요하다.

최근 설립된 정산회사에 산지에서 이루어지는 밭떼기 등 선도거래의 청산기능을 탑재하는 것도 필요하다. 배추와 무 등 수시로 가격파동을 겪는 품목의 경우 밭떼기 거래가 전체 산지유통의 80% 이상을 차지하지만, 가격폭락 시 상인들에 의한 계약파기는 오랫동안 농민들의 원성과 경영위험의 주원인이 되어 왔다. 2008년 미국의 서브프라임 금융위기 이후 결제위험이 큰 선도거래의 계약이행을 보장하기 위해 국제결제은행(BIS)의 주도로 설립된 중앙청산소(Central Clearinghouse)는 금융시장의 안정에 중요한 역할을 하였다. 우리의 농산물 선도거래에도 청산소의 도입을 통해 계약불이행의 폐해를 근본적으로 없애고 농민들의 경영을 안정시키는 것이 필요하다. 이와 함께 현물시장인 가락시장에 선물거래를 도입해 가격위험이 큰 채소의 헤징을 가능하게 하고, 시장의 효율성을 제고하는 방안도 전향적으로 검토해야 한다.

농업문제를 악화시키는 주요인은 주기적으로 반복되는 가격파동이다. 농산물의 가격변동성을 줄이기 위해서는 무엇보다 정확하고 신뢰할 수 있는 관측시스템이 필수적이다. 가락시장은 농산물거래와 관련된 가장 풍부하고 상세한 정보를 가지고 있다. 이러한 정보를 활용해 시장에 필요한 가격예측 정보를 제공한다면 유통의 효율화와 농가경영의 안정화를 크게 제고시킬 수 있을 것이다.

농산물 유통의 효율화는 유통구조가 아니라 유통조성 기능으로 풀어야 하며, 유통정책은 조성 기능을 정상화 시키는데 초점을 맞춰야 한다. 효율적인 유통조성 기능은 유통뿐만 아니라 생산과 소비의 효율화도 가능하게 한다. 가락시장의 역할은 지대하고 할 일은 산적해 있다.

영국식 경매(상향식 경매)

공개구두경매는 영국식(상향식) 경매와 네덜란드식(하향식) 경매로 구분한다. 영국식 경매는 낮은 가격에서 경매를 시작하여 가장 높은 가격 제시자를 구매자로 결정하는 방식이고, 네덜란드식 경매는 높은 가격에서 시작하여 가격을 점점 낮추면서 가장 먼저 응찰한 이를 구매자로 결정한다. 상향식 경매의 가장 큰 특징은 타인의 입찰가격을 관찰할 수 있다는 점이다.

최고입찰가 방식

봉인입찰경매는 최고가(최고가 봉인) 입찰과 비크리(두 번째 최고가격) 입찰로 나누어진다. 최고가 입찰은 최고가를 제시한 구매 의향자를 낙찰자로 결정한 후 해당 낙찰자가 제시한 금액을 지불하는 방식이고, 비크리 입찰은 최고가를 제시한 구매 의향자가 낙찰자로 결정되지만, 해당 낙찰자가 본인이 제시한 금액 대신 입찰가 중에서 두 번째로 높은 가격(입찰에서 탈락한 가격 중 최고 가격)을 지불하는 방식이다.

복수법인 거래

도매시장 중도매인이 여러 도매시장법인의 경매에 선택적으로 참여하는 거래이다. 중도매인이 특정 도매법인의 경매만 참여할 수 있는 소위 '중도매인 소속제'를 개선하기 위해 1994년 「농수산물 유통 및 가격 안정에 관한 법률」이 개정되어 복수법인 거래의 법률적 근거가 마련되었지만, 여러 가지 현실적 제약으로 제대로 이루어지지 않고 있다. 복수법인 거래는 도매시장 법인 사이의 경쟁뿐만 아니라 중도매인 사이의 경쟁을 촉진시켜 도매시장의 경쟁력과 서비스 향상에 기여한다. 또한 우수한 농산물의 수집활동 촉진과 가격 및 거래 정보 교환의 활성화로 시장효율성을 향상시킨다.

농산물 '선도거래 청산소' 도입하자 (농민신문 2008. 6. 18)

우리 농민들은 농사를 짓는 데 가장 어려운 점으로 농산물 가격의 불확실성을 들고 있다. 특히 채소작물의 경우 거의 매년 가격 폭락과 폭등이 되풀이돼 위태로운 곡예 경영을 하고 있다. 이들 농가는 가격위험을 없애기 위해 주로 '밭떼기 거래'라고 불리는 선도거래를 하고 있는데, 배추·무 등 저장성이 약한 작물은 선도거래 비중이 70~80%를 차지하고 있다.

농민들은 밭떼기 거래를 통해 가격위험을 없애기도 하지만 상인들이 계약을 불이행했을 때는 위험에 그대로 노출된다. 이에 정부는 표준계약서를 도입하는 등 계약불이행의 위험을 줄이기 위해 노력하지만 상인들의 우월적 지위 등으로 인해 여전히 구두계약이 성행하고 있다. 정부는 10여년 전부터 '계약재배안정화사업'을 도입해 운영하고 있다. 이 사업은 농가와 사업주체인 농협이 자율적으로 계약가격과 가격범위를 정해 거래하고, 만약 수확기 시장가격이 이를 벗어날 경우 손익을 농가와 농협이 일정 비율로 분배하는 보다 합리적인 형태의 계약이다. 그러나 이 사업이 제도적 장점에도 불구하고 더 이상 확대되지 못하는 가장 중요한 원인은 경쟁 상대인 밭떼기 상인들이 농민들에게 보다 많은 서비스를 제공해주기 때문이다. 상인들은 밭떼기 거래 때 농가 대신 수확해주거나 많은 선급금을 지불하는 등 편의를 제공해준다. 농가들이 계약불이행 위험을 무릅쓰고 밭떼기 거래를 하는 것은 상인들이 제공하는 추가적인 서비스를 중시하기 때문으로 해석할 수 있다.

농가 입장에서는 보다 유리한 정산조건인 계약재배안정화사업에 밭떼기 상인이 제공하는 서비스를 결합하거나, 밭떼기 거래에서 계약불이행 위험을 제거하는 것이 가장 최상일 것이다. 그러나 계약재배안정화사업의 주체인 농협은 상인이 제공하는 그 같은 서비스를 제공하기가 쉽지 않다. 따라서 그 대안으로 밭떼기 거래의 계약불이행을 제도적으로 차단하는 농산물 '선도거래 청산소(Clearing house)'의 설립을 고려해볼 만하다.

이 기구의 역할은 일단 매매계약이 체결되면 계약 쌍방의 중간에 서서 각 계약 당사자의 상대자로서 계약 이행을 책임지는 금융기구이다. 선도거래의 문제점을 제도적으로 보완하기 위해 만들어진 선물거래의 한 과정인 청산(clearing)은 계약이 이행되지 않을 수 있는 신용위험을 제거하는 가장 중요한 제도적 장치다. 최근 금융기법이 발전하고 시장의 규모가 커지면서 선도시장의 계약불이행 위험을 없애고자 하는 수요가 급증하고 있다. 이에 따라 외환과 상품 등의 장외선도시장에서 계약을 보증해주는 청산소가 적극 활용되고 있다. 청산소는 계약의 신뢰성과 시장의 유동성을 높여 시장효율성을 제고하고 가격위험을 관리하는 비용을 절감시킨다.

설립 방안은 다양한 형태가 고려될 수 있다. 모든 선도거래의 청산

의무화 여부, 청산소 설립 및 운영주체, 자본금의 규모와 조달 방식, 감독주체의 선정 등 검토해야 할 사안이 많을 것이다. 그러나 청산소는 선도거래의 계약불이행 위험을 제도적으로 없애 밭떼기 거래를 할 수밖에 없는 많은 농가들의 경영안정에 크게 기여할 것이다. 선도거래 청산소는 향후 농산물 선물 및 옵션 등 파생상품 시장의 도입에도 견인차 역할을 할 수 있다.

최근 국제곡물가격이 사상 최고치로 치솟으면서 선물시장을 이용한 가격위험 관리가 효과적인 대응책으로 제시되고 있다. 그러나 이는 곡물파동 때마다 등장하는 단골메뉴로, 여전히 그렇게 하고 있지 않다는 반증이다. 대규모로 곡물을 구매하는 가공업계나 식량수급 주무부서 그 어디서도 선물시장을 이용해 가격위험을 관리하려는 시도를 찾아볼 수 없다.

9월 현재 돼지고기 지육 1kg 도매가격은 3,500원으로 2011년의 6,000원대에 비해 40% 이상 하락했다. 이 가격은 평균 생산비를 하회하는 수준으로, 적지 않은 농가들이 파산하거나 적자를 낼 것으로 전망된다. 역사적으로 돼지고기 가격이 등락을 거듭해 왔지만 최근의 변동폭은 양돈농가의 경영안정을 크게 위협할 정도로 커졌다. 그런데 양돈농가들이 사상 최고였던 작년이나, 적어도 전월의 4,500원 수준에 가격을 고정시켰으면 어땠을까? 가격급락에도 웃을 수 있었을 것이다. 그런데 사전에 가격을 어떻게 고정시킬 수 있을까? 이는 선물거래를 통해 할 수 있으며 이를 '헤징'이라 한다.

선물 헤징은 자신에게 유리한 가격일 때 미리 그 가격을 고정시켜 향후 가격 하락의 위험으로부터 보호하는 것으로, 거래 당사자들끼리 하는 밭떼기나 계약거래 등 선도거래를 표준화해 선물거래소라는 제도적 시장에서 거래하는 것이다. 선물거래는 선도에 비해 위험 프리미엄이 적고 가격효율성과 공정성이 제고된다. 무엇보다 선도거래의 고질병인 계약불이행 위험이 전혀 없다. 이러한 장점들로 인해 미국과 일본 등 많은 국가들이 오래전부터 농산물 선물시장을 개설해 농가와 관련업계가 가격위험을 스스로 관리할 수 있는 기회를 제공하고 있다.

한국도 1999년 선물시장을 설립해 환율과 주가지수 등 금융상품을 중심으로 운영하고 있다. 농업부문에서는 선물을 전공하는 학자들을 중심으로 오랜 노력 끝에 2008년 돼지고기 선물을 상장시킬 수 있었다. 그런데 양돈농가나 가공업체의 가격위험 관리에 유용하게 사용될 수 있는 돼지고기 선물이 상장 초기부터 거래량이 거의 없어 상장폐지의 위기에 놓여 있다. 선물거래가 쉽지 않고 투기적 거래에 대한 잘못된 인식이 있기는 하나, 이는 지속적인 홍보나 교육으로 극복할 수 있는 문제다. 그러나 주무부서인 농림수산식품부의 선물시장에 대한 부정적 시각이나 이해의 부족이 더 큰 문제다. 여기에 선물상품을 관리하는 한국거래소의 농산물에 대한 이해 부족과 무관심도 중요한 원인이다. 돼지고기 선물이 현실과 동떨어진 계약재원을 수년째 유지하고 있는 것이 그 증거의 하나다.

우리도 일본이나 중국같이 농산물이나 원자재를 전용으로 거래하는 상품선물거래소의 설립이 필요하다. 일본은 오래전부터 미국산 옥수수를 도쿄선물거래소에 상장해 거래하고 있다. 미국에서 선물거래를 하지 않고 자국에서 직접할 경우 옥수수 가격의 변동뿐 아니라 환율과 운송비의 변동도 한꺼번에 헤징할 수 있는 장점이 있기 때문이다. 우리도 곡물가격 위험을 관리하기 위해 미국에서의 헤징은 물론이고, 국내에 상품선물거래소를 설립해 직접 거래할 수 있게 해야 한다.

상품선물거래소는 이명박 대통령의 대선공약이었다. 광주 등 지방도시에서 상품선물거래소 설립에 관심을 가지고 추진했지만 헛공약이 됐다. 구조적인 애그플레이션 시대에 돼지고기를 위시해 옥수수·채소 등 다양한 농산물이 선물시장에 상장돼 우리 농가의 경영 위험을 없애고 식량수급을 안정시키는 데 기여해야 할 것이다. 이를 위해 농식품부와 금융감독 당국은 농산물 선물거래의 역할과 중요성을 충분히 이해해 다양한 선물상품 개발을 지원하고, 상품전용 선물거래소 설립에 적극적인 노력을 기울이길 바란다.

'金치'와
날씨 파생상품 (고대신문 2010. 5. 14)

　요즘 식당에 가서 김치를 더 달라고 하면 아주머니들이 눈을 흘긴다. 김치가 '金치'인 까닭이다. 가락시장에서 배추가격이 연일 최고가격을 경신하면서 평년 가격의 3배 이상 올랐다. 삼겹살을 먹으러 가도 우리가 좋아하는 상추와 고추 등 채소가 눈에 띄게 줄어 있다. 마트에서는 과일을 좋아하는 사람들이 선뜻 장바구니에 넣지 못한다. 딸기나 수박을 비롯하여 비닐하우스에서 재배하는 과채류 가격도 연일 고공행진을 하고 있기 때문이다. 이 모두가 최근의 이상 기온으로 인해 작물생산이 심각한 타격을 받은 결과다. 작년 12월부터 시작된 혹한과 이상저온으로 꽃을 피우지 못하거나 동상해를 입는 나무들이 속출하고 있다. 잦은 비로 인한 일조량 부족도 생산성과 품질을 떨어뜨리고 시설채소의 생산비를 높이고 있다.

　농업은 아마 가장 경영이 어려운 산업의 하나일 것이다. 우선 시장구조가 완전 경쟁적이다. 생산자는 많고 소규모인데다가 상품성도 비슷비슷하다. 소비자들은 점점 까다롭고 요구가 많아진다. 여기에 시장개방도 농업경영의 어려움을 더해준다. 가격이 오르면 외국농산물이 기다렸다는 듯이 수입되고, 가격이 하락하면 그대로 손해를 봐야 한다. 소위 천정 효과(Ceiling effect)다. 그러나 농업의 가장 큰 어려움은 생산과 유통이 날씨 위험에 거의 무방비로 노출되어 있는 데서 찾을 수 있다. 이로 인해 농산물 가격은 시시각각 변하며 롤러 코스트를 타고 있다. 저수지를 만들고 관개수로를 정비하고 가뭄에 오래 견디는 품종을 육종하는 것만으로는 역부족이다. 우리 농업이 보다 효율적이고 지속가능한 산업이 되기 위해서는 날씨 위험을 효과적으로 관리할 수 있는 메커니즘이 있어야 한다.

날씨 위험을 관리하는 방법으로 농작물재해보험을 들 수 있다. 이상기온이나 태풍 등으로 피해를 입은 농가에게 일정한 금액을 보상해 주는 것이다. 그러나 일반 보험과 마찬가지로 재해보험도 이상기후가 발생할 확률과 그로 인한 피해정도를 비교적 정확하게 알아야 적정한 상품을 디자인할 수 있다. 엄청난 돈을 들여서 구입한 슈퍼 컴퓨터로도 내일 날씨를 제대로 예측하지 못해 매년 비난을 받는 우리의 기상예보능력을 고려할 때 이상기후의 발생 확률을 정확하게 계산하는 것은 매우 어렵다. 이는 농업 재해보험 시장에 민간업자의 진입을 막는 가장 중요한 원인이기도 하다.

현재의 농작물재해보험은 정부가 보험료와 운영비용의 상당부분을 보조하여 농협을 통해 운영되고 있다. 따라서 비효율적일 수밖에 없다. 이와 함께 보험의 대상과 조건이 턱없이 부족한 것이 현실이다. 2001년에 도입된 재해보험 가입률이 36%에 지나지 않는 이유이다.

미국을 비롯한 선진국에서는 날씨 파생상품(weather derivatives)을 도입하여 기후 변화에 민감한 산업들이 날씨위험을 보다 효과적으로 관리할 수 있게 한다. 미국의 시카고상업거래소(CME)는 1999

년에 평상시보다 더운 날씨나 추운 날씨로부터 발생하는 손실위험을 보호할 수 있는 기온(temperature) 선물을 시작으로 서리(frost), 적설량(snowfall), 심지어는 허리케인 피해(hurricane damage) 등에 대한 파생상품을 도입하여 거래하고 있다. 영국과 호주 역시 기온선물과 옵션을 거래하고 있다. 이들 파생상품들은 경영성과가 날씨의 영향을 많이 받는 농업이나 전력·유통·항공·레저·의류·음식업 등 많은 산업들이 기상이변으로 인한 예기치 않은 손실을 방지하는 데 이용된다. 선물과 옵션계약은 표준화된 상품을 지정된 거래소에서 미리 규정된 절차에 따라 거래함으로써 효율적인 가격발견과 계약파기의 위험을 제거한 파생상품이다.

선물은 선도거래(또는 포전거래)를 시장상품화 한 것인 반면, 옵션은 보험을 시장상품화 한 것으로 이해할 수 있다. 2008년 전 세계를 강타한 미국의 서브프라임 사태로 일반인들에게도 널리 알려진 파생상품은 잘못 휘두르면 사람을 해할 수 있지만 잘 사용하면 경영상의 여러 위험을 효과적으로 관리할 수 있는 훌륭한 도구가 되는 양날의 칼이다.

국내에도 선물거래소가 있어 주식이나 채권·환율 등 금융파생과 금과 돈육 등 상품파생을 거래하고 있다. 그러나 국가경제와 모든 산업이 결코 피해갈 수 없는 날씨 위험에 대한 배려는 없다. 지구온난화로 인한 기후변화와 녹색성장이 모든 경제활동의 키워드가 되고 있는 요즘 날씨파생상품은 선택이 아니라 필수이다. 그리하여 더 이상 아주머니들의 눈치 보지 않고 김치를 먹을 수 있었으면 한다.

06

농협 개혁, 원점에서 다시 시작하자

농협 개혁,
이제 시작이다 (동아일보 2011. 3. 12)

    1여 년을 끌어오던 농협법 개정안이 우여곡절 끝에 국회를 통과하였다. 2012년 3월 농협중앙회의 신용부문과 경제부문을 분리하여 각각 지주회사 체제로 출범하는 것을 뼈대로 하는 개정 농협법은 농업인에게 실익을 줄 수 있는 구조로의 개편을 목적으로 하고 있다. 그러나 이번 법 개정은 농협 개혁의 완성이 아니라 시작을 알리는 종소리에 불과하다. 농협법에 담긴 내용들이 농협의 구체적인 형태나 운영방식, 지배구조 등을 명확하게 규정하고 있지 않기 때문에

법 개정이 오히려 농협의 미래에 대한 불확실성을 높이고 있다. 이에 따라 농협과 정부는 이제부터 새로운 농협을 디자인해야 하는 막중한 과제에 직면하게 되었다. 그러나 이 과제는 결코 만만치 않다. 우선 핵심 쟁점들에 대한 정부의 입장이 명확하지 않기 때문이다. 지주회사 체제로 개편하는 과정에서 신용부문은 자본건전성을 위한 국제결제은행 기준(BIS 비율)을 충족시킬 자본금이 필요하고, 경제부문은 독자적인 사업을 위한 자본금을 필요로 한다.

원칙적으로는 농협이 스스로 자본금을 마련하여 금융자본이나 투기자본의 영향을 받지 않고 정체성을 지키는 것이 가장 바람직하다. 그러나 여기에는 적지 않은 시간이 소요된다. 개정된 농협법은 불과 1년간의 유예기간을 주고 지주회사 체제로 개편하라고 요구하고 있으며, 이는 정부가 부족한 자본금을 책임지는 것을 전제로 할 때 가능하다. 그러나 정부는 이 문제에 대해 한 번도 분명한 입장을 밝히고 있지 않다. 오히려 마지막 순간까지 말 바꾸기와 얼버무리기로 일관하여 향후 농협의 지배구조가 어떻게 만들어질지에 대한 불안감을 증폭시킨다. 이는 농협의 정체성과 자율성, 농협개혁의 성과에 직결되는 민감한 문제이기 때문에 정권 차원의 분명한 약속이 선행되어야 한다. 그렇지 않다면 이번 개정은 무효일 수밖에 없다.

신경분리❶의 최대 명분인 경제사업 활성화에 대한 청사진도 매우 불투명하다. 국회의 최종 심의과정에서 경제사업활성화 조항이 삽입되었고, 이것으로 개정 농협법의 타당성을 보장해주는 것처럼 홍보하고 있다. 그러나 이미 2007년 농협법 개정 시 경제사업활성화가 명문화되어 2016년까지 다양한 사업들이 진행되고 있다. 이번 농협법 개정이 실제로 경제사업활성화를 목적으로 하였다면 현재 진행 중인 사업들의 성과에 대한 평가와 반성이 우선되었어야 한다. 그러나 정부나 국회 그 어디에서도 이에 대한 노력을 찾아 볼 수 없었다. 이는 신경분리의 진짜 목적이 다른데 있다는 음모론을 다시 떠올리게 만든다. 신경분리가 진정 경제사업을 활성화 시키고자 하는 목적을 가지고 있다면 지금이라도 이러한 작업이 이루어져야 한다.

이번 농협 개혁은 반드시 성공해야 한다. 만약 실패한다면 다시 돌아갈 곳을 잃은 농협중앙회는 공중 분해되고 말 것이며, 신경분리를 주도한 사람들은 역사 앞에 큰 죄를 짓는 것이 될 것이다. 주어진 일정에 따라 엄격한 검증 절차나 다양한 조건을 고려한 시뮬레이션을 생략한 채 억지로 끼워 맞추거나, 어떻게 되겠지 하는 요행을 바라는 심정으로 접근한다면 실패할 가능성이 많다. 농협 개혁은 시행착오를 거쳐 교훈을 얻고 조정해 나갈 수 있는 사안이 아니기 때문에 두드리고 또 두드려 본 후에 건너야 할 것이다. 마지막으로 농협 개혁은 농민들과 가장 접점에 있는 지역농협의 개혁이 있어야 비로소 완성될 것이다. 이는 더 어렵고 복잡한 과제임에 틀림이 없다. 그러나 더 이상 미룰 수 없는 절체절명의 과제이다. 농협 개혁이 성공적으로 완성될 수 있도록 각자의 이해관계나 불만은 접어 두고 모두의 마음과 지혜를 모아야 한다. 농협 개혁, 이제 시작일 뿐이다.

신경분리

농협중앙회 '신용·경제사업 분리'의 약칭이다. 2000년 7월 농협 · 축협 · 인삼협을 통합한 통합 농협중앙회가 출범한 이후 자율과 자조적인 협동조합으로 발전하기 위해 경제사업이 발전되어야 하며, 이를 위해 신경분리가 필요하다는 주장이 제기되었다.

신경분리 찬성 측은 농협 고유의 기능을 회복하기 위해 지도·경제사업을 내실화하고, 신용사업에 의존하는 경제사업을 분리하여 경영개선 및 구조조정을 가속할 필요성이 있다고 하였다. 반대 측은 신경분리를 할 경우 정부 · 회원조합 · 농업인의 부담이 증가하고, 농업자금 공급 차질, 지도사업 위축, 사업기반 붕괴로 인한 신용사업의 경쟁력 약화 등의 문제가 발생할 수 있다고 주장하였다.

2004년 「농업협동조합법」 개정안에 중앙회의 신용사업 및 경제사업 분리 추진에 관한 조항이 추가됨으로써 신경 분리를 위한 준비가 급물살을 타게 된다.

사랑받는 농협을
기대한다 (농민신문 2011. 3. 16)

　연초 이명박 대통령이 대기업 총수들과 가진 간담회 자리에서 국민과 소비자에게 사랑 받는 기업이 되어야 지속 가능할 수 있음을 강조한 적이 있다. 이 간담회에서 이대통령은 벤트리대학의 시소디아 교수가 쓴 『위대한 기업을 넘어 사랑받는 기업으로』라는 책을 권장했다고 한다.

　오늘날 기업의 가장 강력한 경쟁 상대는 소비자라고 볼 수 있다. 조금이라도 싼 것을 찾아 몇시간씩 줄을 서서 기다리는 것을 마다 않고, 신제품을 먼저 갖기 위해 밤을 새우기도 하는 소비자들은 기업들에게 끊임없는 가격 인하와 보다 좋은 품질과 서비스를 요구한다.

　인터넷과 소셜네트워크라는 첨단 무기로 무장하여 마음에 들지 않는 기업을 퇴출시키기도 하고, 시장의 구조를 바꾸기도 한다. 소비자의 마음을 잡는 것은 이미 기업 경영에 필수적인 과제가 되었다.

　사랑 받는 기업이 되어야 하는 것은 농협의 경우도 예외가 될 수 없다. 농협은 농업인뿐만 아니라 소비자와 국민의 기대에도 부응해야 한다. 농협이 정직하지 않을 때, 농협이 만든 식품에 문제가 생겼을 때, 농협이 농업인들과 멀어질 때 소비자와 국민들은 더욱 분노하고 질타한다. 그만큼 농협에 대한 기대와 애정이 많기 때문이다.

　그런데 농협은 사랑 받고 있는가? 오늘날 농업의 위기를 모두 농협의 책임으로 전가하지만 이에 대해 당당하게 대응하지 못한다. 떳떳하지 못하기 때문일 것이다.

많은 사람들이 농협의 위기를 얘기한다. 실제로 농협은 위기이다. 그 이유는 위로는 대통령을 비롯하여 정치인, 정부 관료, 언론에 이르기까지 농협의 구조개혁에 대해 한마디씩 하기 때문이다.

농협을 조금 안다는 인사들도, 농협에 대해 잘 모르는 인사들도 농협에 대해 훈수를 둔다. 검증되지도 않고 논리도 없는 농협 구조개편 방안들이 난무한다. 온 사방이 '농협 흠집 내기' 경쟁을 하는 듯하다. 무엇보다도 농협이 국민과 소비자들의 전폭적인 지지를 받지 못하는 그 자체가 위기이다.

그런데 정작 더 큰 위기는 농협 스스로 그걸 깨닫지 못하는 데 있다. 경제사업을 활성화하고 신용사업의 덩치를 키우는 노력도 중요하지만 농협이 이런 무한경쟁시대에 국민과 소비자의 사랑을 받지 못한다면 살아남기 어려울 것이다. 어떻게 소비자들의 마음에 '착한 농협'의 이미지를 각인시키고 국민들로부터 무조건적인 신뢰를 얻을지에 대한 심각한 숙고와 철저한 전략, 그리고 필사적인 노력이 있어야 한다.

소비자들은 '통 큰' 시리즈를 내세운 대기업의 마케팅 전략에 대해 한편으로 비난하지만, 돌아서서는 좀더 싼 농산물과 판촉행사에 열광하기도 한다. 이들은 매우 이중적이고 변덕스럽기까지 하다.

한편으로는 매우 감성적이다가 또 다른 면에서는 매우 이성적이기도 하다. 그들은 친해지기도 어렵지만, 어떤 경우에는 무조건적이 되기도 한다. 그럼에도 불구하고 소비자의 사랑을 받아야만 살아남을 수 있다.

오늘날 소비자로부터 사랑을 받는 기업들의 노하우는 특별나지 않다. 좋은 제품과 친절한 서비스, 그리고 윤리적인 경영이 그것이다. 농업인들을 위한, 농업인들의 사회적기업인 농협은 얼마든지 소비자와 공감하며 사랑 받을 수 있다. 2011년은 국민과 소비자로부터 전폭적인 사랑을 받는 농협의 해가 되었으면 한다.

조합구조개선사업 10년, 농협의 체질을 바꾸다 (농민신문 2011. 11. 30)

1997년 IMF사태는 한국 경제의 패러다임과 운영방식을 근본적으로 바꾸었다. 이런 거대한 물결 속에 농협 또한 변화하지 않을 수 없었다. 2000년의 농·축협 통합은 조합구조개선사업의 결정적 계기가 되었다. 통합 당시 적자조합 수 214개, 전체 회원조합 손익이 마이너스 1,300억 원에 이르렀으며, 부실조합을 정리하기 위한 필요자금만 1조7,000억 원으로 농협이 자체적으로 감당하기 어려운 수준이었다.

이에 따라 법률에 의한 강제조치와 자금조달이 불가피했다. 농협 구조개선사업은 특정조합의 부실이 다른 조합에 미치는 악영향을 차단하고, 농협 전체의 신용도와 사업 효율화를 제고하기 위해 시행하는 사업이다. 이는 농협중앙회가 자체적으로 추진하는 자율합병과 별개로 2002년에 제정한 「농협구조개선법」에 근거하여 강제적으로 시행되고 있다.

올해로 10년째를 맞고 있는 농협 구조개선사업은 당초의 우려와 시행상의 갈등에도 불구하고 회원조합의 건전성을 제고하고 체질을 강화하는 데 상당한 기여를 하였다. 지난 10년간 303개 조합에 대한 적기 시정조치를 통해 97개 부실조합을 정리하고, 193개 조합의 재무구조 개선을 성공적으로 마무리하였다.

그 결과 전체 조합의 순자본비율❷이 2001년 4.20%에서 2010년 8.04%로 상승하였다. 이는 적기 시정조치 기준인 5%를 크게 웃도는 수준이다.

적기 시정조치 대상이 된 조합의 평균도 6.69%로 개선되었으며, 통합 당시 부실의 정도가 특히 심했던 축협도 8.10%를 기록하고 있다. 순자본비율 5%는 일반은행이 기준으로 사용하는 국제결제은행(BIS) 비율❸ 8%를 상회하는 수치로, 이는 회원조합의 건전성이 일반은행 기준으로 평가해도 우수한 것을 의미한다. 실제로 2010년 회원조합의 BIS 비율은 17.0%이다. 조합의 종합적인 경영상태를 다섯등급으로 평가하는 경영평가등급도 2001년 평균 2.07등급에서 2010년 1.17등급으로 상승했다. 농협 구조개선사업은 이런 가시적 성과 외에도 조합의 책임경영과 조합원의 참여의식을 높이는 효과를 거뒀으며, 2002년 이후 130여개 조합이 경쟁력 강화를 위해 자발적으로 합병하였다.

농협의 구조개선사업은 개별조합의 경영안정성과 전체 농협의 신뢰성을 제고하는 데 결정적인 기여를 하였다. 그러나 구조개선사업의 궁극적 목표인 경제사업 활성화와 조합원 실익의 측면에서 보면 아직 갈 길이 멀어 보인다. 또한 농협중앙회의 사업구조개편을 앞둔 상황에서 조합구조개선사업이 어떤 방향과 목표를 가지고 진행돼야 할 것인가에 대한 심각한 고민이 필요하다. 전국에 산재해 있는 1,167개의 회원조합은 구조개선사업 초기 정부의 500개 대규모 조합이라는 목표와는 차이가 많다. 물론 구조개선이 합병을 통해서만 달성되는 것은 아니다. 그러나 높아진 순자본비율과 경영평가등급이 질적인 측면에서도 만족스러운 것인지, 현재의 조합구조가 한·미 자유무역협정(FTA)이라는 쓰나미 앞에서도 건재할 수 있는지에 대한 본격적인 논의가 필요하다.

조합구조개선사업은 계속 진행돼야 한다. 그러나 이는 협동조합의 의미와 역할이 고려된 조화롭고 균형 잡힌 사업이 돼야 하는 한편, 농산물 시장의 완전개방이라는 엄혹한 현실 앞에서 냉정한 판단이 요구되는 어려운 작업이기도 하다. 모두의 지혜와 힘을 모아 신속하고 현명하게 추진해야 할 것이다.

순자본비율

경영체 특히 금융기업의 자본적정성을 평가하는 지표로서 값이 클수록 자본적정성이 우수하다고 평가한다. 자본적정성이 우수한 금융기업은 현재와 미래의 영업활동을 원활히 지원하고, 미래의 손실 발생에 대비할 수 있는 충분한 자본을 보유하고 있는 기업으로 볼 수 있다. 농협에서는 지역농협 경영상태평가에 순자본비율을 이용하고 있다. 순자본비율은 (총자산 - 총부채 - 출자금 + 후순위차입금 + 대손충당금)을 (총자산 + 대손충당금)으로 나누어 산출한다.

국제결제은행(BIS) 비율

국제결제은행(BIS)의 기준에 따른 자기자본비율의 약칭이다. 대부분의 금융기업은 BIS 기준 자기자본비율을 이용하여 자본적정성을 평가하는 반면 농협 등 일부 기관에서는 순자본비율을 이용하고 있다. BIS 기준 자기자본비율은 자기자본을 위험가중자산으로 나누어 산출한다.

농협 개혁,
원점에서 다시 생각해야 <small>(한겨레신문 2013. 7. 1)</small>

기대 반 우려 반 속에 추진된 농협 개혁이 우려하지 않을 수 없는 상황에 이르렀다. 2012년 3월 신용과 경제 사업을 분리하고 지주회사 체제를 도입하는 것을 핵심 내용으로 하여 추진된 사업구조개편이 출범한 지 1년 남짓 만에 금융지주 회장과 경제대표 등 최고위 임원 전원이 사퇴함으로써 제대로 작동하지 않는다는 것을 보여주었다. 특히 신용사업을 책임지는 금융지주 회장이 중앙회 회장의 경영간섭과 농협 명칭사용료를 문제시하며 임기를 채우지 못하고 물러난 것은 사업구조개편의 문제점을 상징적으로 보여주는 것이다.

그러나 이런 문제는 처음부터 예견된 것이었다. 농협 개혁이라는 중차대한 과제가 정치적 퍼포먼스가 되어 매우 졸속적이고 무리하게 이루어졌기 때문이다. 2007년 12월 최원병 회장이 취임하고 추진한 첫번째 사업이 농협 개혁이었다. 그러나 이명박 전 대통령의 가락시장 방문을 계기로 해 농협이 농정 실패의 정치적 희생양이 되어 자체적으로 마련한 개혁방안이 백지화되고 정부 주도의 개혁이 추진되었다. 경제사업 활성화라는 틀을 썼시만 정부의 개혁방향은 크게 두 가지로 압축될 수 있다. 하나는 농협의 지배구조를 약화시키는 것이고, 또 다른 하나는 중앙회의 신용·경제 분리였다. 둘 다 경제사업 활성화라는 본질을 벗어난 개혁방안이 아닐 수 없다.

우선 농협 회장의 정치적 영향력을 줄이고 정부 의도대로 움직이는 고분고분한 농협을 만들기 위한 지배구조의 개편이 있었다. 비상근의 단임 회장 체제에 인사추천위원회를 통한 임원 선임이 제왕적 회장을 근절한다는 명분으로 도입되었다. 그 다음으로 급변하는 금융환경에서 농협의 주 수익원인 신용사업을 건전화하는 명분으로 신용·경제 분리와 함께 지주회사 체제가 도입되었다. 관치의 강화와 협동조합 정신의 훼손을 우려하는 목소리는 반개혁적이라는 비난 속에 묻혔다. 결과적으로 정부는 농협에 5조 원의 자본금을 빌려주고 240조 원 자산의 농협금융을 접수한 꼴이 됐다. 사퇴한 전임 금융지주 회장에 이어 신임 회장도 소위 모피아라 불리는 재경부 관료 출신이다. 특히 이번 인선은 금융지주의 100% 주주인 중앙회의 의도와 다른 인사며, 농협중앙회와의 관계 회복이 신임 회장의 가장 시급한 과제라고 언론에 보도되면서 농업계의 걱정을 더하고 있다. 여기에는 그간 우려한 대로 신용부문이 더는 농협의 조직이 아닐 수 있는 가능성을 포함하고 있다.

실제로 사퇴한 전임 회장은 농협 명칭사용료가 과다하다며 농협지배구조를 바꿔야 한다는 불만을 터뜨렸다고 한다. 농민들과 농협의 입장에서는 청천벽력 같은 적반하장이 아닐 수 없다. 농협금융부문의 존재 이유에 대한 이해가 전혀 없는 인사가 회장직을 맡으면서 실적 부진에 대한 변명으로 협동조합의 정체성을 위협하고 있는 것이다. 이에 농협금융의 의미와 본인의 역할에 대한 신임 회장의 생각이

궁금하지 않을 수 없다.

협동조합의 시대에 협동조합의 정체성에 반하는 지주회사 체제로 개혁을 이룰 수 있을까? 전례도 없고 원칙에도 없는 협동조합 내 경제지주로 경제사업 활성화가 가능할지 걱정이 아닐 수 없다. 최근 급속도로 위축되는 농업의 정치적 입지와 농업인의 사회적 지위를 위해서는 강력한 조직력과 리더십을 가진 농협이 필요하다. 이런 와중에 농협회장 직선제를 비롯하여 사업구조에 대한 재론을 요구하는 목소리가 커지고 있다. 정치적 성과나 퇴직 관료들의 자리 보전이 아닌 벼랑 끝에 몰린 농업을 위한 진정한 농협 개혁이 필요하다. 잘못된 것을 인식하고 개선하는 용기와 의지가 필요한 시점이다.

농협 판매사업,
SSM 갈등에 적극 대처해야 (농민신문 2012. 6. 18)

한국 유통업계는 현재 기업형 슈퍼마켓(SSM) 몸살을 앓고 있다. SSM은 대형 유통업체들이 운영하는 슈퍼마켓으로 일반 슈퍼보다는 크고 대형마트보다 작은 규모의 업태를 의미한다. 지난 20년간 국내 유통시장의 지형을 바꿔 놓은 대형마트가 성장을 멈추고 쇠퇴기에 접어들면서 대형 유통업체들은 SSM을 통해 골목상권에 진입하기 시작했다. 이에 전통시장을 비롯한 영세 슈퍼마켓, 구멍가게 등 중소상인들이 급격하게 무너지면서 국회는 유통산업발전법❶과 상생법❶을 통해 대형마트와 SSM의 강제휴무와 출점제한 등 규제를 도입했다.

그러나 이러한 영업규제가 문제의 해결이 아니라 또 다른 갈등을 가져왔다. 대형마트들은 매우 격한 표현을 써가며 영업규제를 비난하고, 다른 한편에서 서울행정법원은 영업규제를 정지해 달라는 대형마트의 가처분 신청을 기각하여 이 규제가 공공복리 차원에서 타당함을 천명하였다. 유통전문가들도 규제의 효과와 결과에 대한 다양한 분석결과를 제시하고 있어 이 논쟁은 쉽게 가라앉지 않을 전망이다.

SSM 갈등은 유통의 모든 업태가 생존을 걸고 다투는 첨예한 사안이다. 여기에 농협도 예외가 될 수 없다. 일부에서는 대형마트에 납품하는 농가의 피해를 강조하면서 SSM 규제를 철회하는 데 동참할 것을 요구하고 있다. 중소상인들은 SSM보다 농협 하나로마트로 인한 피해가 더 크다며, 현재 아무런 규제도 받지 않는 하나로마트도 동일한 규제가 적용돼야 한다고 주장한다. 현재 하나로마트는 농축수산물 판매비중이 51%가 넘는 경우 규제대상에서 제외하는 상생법에 의해 규제를 받지 않고 있다. 그러나 하나로마트의 농수축산물 매출 실태는 논쟁의 여지가 있음을 부정할 수 없다. 여기에 2012년 사업분리에 따른 판매사업 확대 계획은 불에 기름을 붓는 격이다.

SSM 갈등을 현명하고 효과적으로 대처하지 않고서는 농협 판매사업이 순조롭게 진행되기 어려울 것이다. 이미 전국 곳곳에서 하나로마트 입점을 반대하는 시위가 적지 않으며, 언론들도 하나로마트의 영업규제를 요구하기 시작했다. 따라서 농업과 농협 차원에서 이에 대한 대응방안 마련이 시급하다. 무엇보다 하나로마트의 농수축산물 판매 비중을 51% 이상으로 끌어올리는 것이 중요하다.

그러나 보다 근본적으로는 농협의 설립이념이 대형마트의 영업규제를 합당한 것으로 판결한 우리의 법 정신과 일맥상통함을 강조하고 각 이해당사자들을 이해시킬 필요가 있다. 헌법 23조는 국민의 재산권을 보장하지만, 공공복리를 위해서 법률로써 제한할 수 있다고 규정하고 있다. 상생법은 이러한 헌법을 기반으로 탄생했으며, 농협 역시 공공복리를 위해 농협법에 의해 설립된 사회적 기업이다.

사회적 약자인 농민의 복리를 위해 설립된 농협은 대규모 자본의 진입으로 생존이 위협받는 골목상권이나 전통시장 상인과 같은 입장이다.

　농협 하나로마트는 대형 소매자본의 횡포에 대응하기 위한 생존전략의 하나다. 다수의 소상인들이 동일한 장소에서 시너지를 얻는 전략으로 지역시장을 구성하고, 동네 슈퍼마켓들이 SSM에 맞서 물류와 판매 시스템을 공유하듯 농협도 대형유통업체와 다국적 농기업에 맞서 협동하는 농민들의 공동체임을 이해시켜야 한다. 서로의 입장을 이해하고 공동의 대응력을 키우는 것만이 이 치열한 생존경쟁에서 살아남는 유일한 방법일 것이다.

유통산업발전법

유통산업의 효율적인 진흥과 균형 있는 발전, 건전한 상거래질서 구축 등을 목적으로 제정된 법률이다. 2010년 11월 개정된 「유통산업발전법」에서는 대규모점포의 영업시간을 제한하고, 의무 휴업일을 지정하였으며, 이를 위반하는 경우 과태료를 부과할 수 있도록 하였다. 동 법률의 개정으로 대규모점포, 특히 당시 골목상권을 잠식해 들어가던 기업형 슈퍼마켓(SSM)의 영업시간 제한 등의 제재가 적절한지에 대한 사회적 논란이 일어났다.

상생법(대·중소기업 상생협력 촉진에 관한 법률; 상생협력법)

대기업과 중소기업 간 상생협력 관계를 공고히 하여 대기업과 중소기업의 양극화 해소 등을 목적으로 제정된 법률이다. 2010년 10월 제출된 개정안에 대기업이 직접 운영하는 SSM뿐만 아니라 대기업이 지분을 51% 이상 가지고 있는 프랜차이즈 형태의 SSM 입점까지도 사업조정 대상에 포함하여 영업을 제한하는 내용이 포함되었다. 대기업이 운영하는 대규모점포의 출점과 영업시간을 제한한 「유통산업발전법」과 함께 사회적 논란을 일으켰다.

농협의 녹색성장 전략…
이젠 필수다 (농민신문 2011. 3. 28)

최근 지구 곳곳에서 발생하는 이상기후가 더 이상 이상하지 않은 지경이 되었다. 기후변화는 온실가스❶의 무분별한 배출에 의한 병리 현상으로, 유럽 등 선진국들은 '교토의정서❷'를 통해 온실가스를 감축하는 자발적인 노력을 기울이고 있다.

그러나 이러한 노력에 가장 많은 온실가스를 배출하는 미국이 불참해 국가적 도덕성에 치명상을 입고 있으며, 미국의 리더십에 커다란 제약이 되고 있다. 미국을 넘는 슈퍼 파워를 꿈꾸는 중국은 최근 이 문제에 보다 적극적인 행보를 보이고 있어 시사하는 바가 크다.

다행히 이명박 정부는 사안의 중요성을 인식해 온실가스를 감축하는 전 지구적인 노력에 자발적으로 동참하고 녹색성장을 국가 경영 전략으로 수립하고 있다.

녹색성장은 생산과 소비를 친환경적으로 하는 것을 넘어, 오히려 탄소를 감축하는 것을 성장의 동력으로 삼는 전략이다. 생산과정에서 배출하는 탄소를 감축하기 위해 단순히 생산량을 줄이는 대신 석유나 석탄 등 화석연료의 투입을 줄이고 에너지를 적게 사용하는 생산방식으로 바꾸거나, 탄소배출이 전혀 없는 에너지로 대체하는 생산 양식을 도입하는 것이다.

이러한 과정에서 연구와 기술개발, 시설장비 생산, 투자금융과 보험, 컨설팅 등 새로운 산업이 만들어지고 고용과 경제적 가치가 창출된다. 녹색성장은 탄소를 감축해야 하는 전 지구적 의무에 수동적으로 참여하는 것이 아니라, 지구온난화에 대한 책임을 스스로 지는 도덕적 우월함을 보임과 동시에 위기를 오히려 성장의 진기로 삼는 긍정적 마인드의 표상이다.

녹색성장은 농협에 있어서도 선택이 아니라 필수다. 농협이 녹색생명산업인 농업을 대표하기 때문이기도 하지만, 농협의 경쟁력을 강화하고 새로운 성장동력을 만들기 위해서도 녹색성장 전략을 도입해야 한다.

농협의 모든 활동에는 에너지가 소요되며 온실가스가 배출된다. 생산요소를 생산하고 생산물을 운송·판매하는 경제사업은 물론이고, 금융사업이나 지도사업도 에너지를 사용하고 자원을 소비한다.

농협의 녹색성장 전략을 위해서는 비료·농약·사료·육가공 등 생산부문에 온실가스 감축프로그램을 도입해야 하며, 농협 브랜드가 붙은 생산품에 탄소를 얼마나 배출하면서 만들었는지를 나타내는 탄소라벨링사업도 추진돼야 한다.

산림을 조성하거나 바이오가스 발전소를 설립하는 등 탄소를 감축하는 옵셋 프로젝트❶에도 적극적으로 투자해 탄소배출권을 확보하고, 확보된 배출권을 거래하는 배출권거래제❶와 탄소포인트제❶의 도입도 추진해야 한다.

이와 함께 태양열과 풍력 등 신·재생에너지사업에도 참여해 농산물뿐만 아니라 청정에너지를 생산하는 새로운 생명산업의 농협으로 거듭날 필요가 있다.

농협의 녹색성장을 위해서는 종합적인 전략의 수립이 필요하다. '탄소중립 농협'을 목표로 설정해 농협의 탄소발자국[i]을 계산하고, 스스로 얼마나 감축할 것인지를 정한 뒤 이를 위해 어떤 노력을 할 것이며, 이를 성공적으로 이루었을 때 어떤 상을 내릴 것인지 하는 것에 대한 계획이 있어야 한다.

이 모든 것이 정부가 부여한 의무에 의한 것이 아니라 자발적으로 이뤄질 때 모든 국민과 소비자로부터 사랑 받는 농협, 존경 받는 농협이 될 수 있을 것이다.

온실가스(greenhouse gas)

태양복사 또는 지구복사를 흡수하여 재방출하는 천연 또는 인공의 대기 구성 기체이다. 온실가스는 지구 표면, 대기 및 구름에 의해 방출되는 적외복사 스펙트럼 내에서 특정 파장복사를 흡수하고 방출하는데, 이러한 특성이 온실효과를 유발한다. 교토의정서에서는 이산화탄소(CO_2), 메탄(Ch_4), 이산화질소(N_2O), 과불화탄소(PFCs), 수불화탄소(HFCs), 육불화황(SF_6) 등 6종을 온실효과의 주범으로 규정하여 배출량을 규제하고 있다.

교토의정서(Kyoto Protocol)

지구 온난화의 방지를 위한 기후변화협약의 수정안으로 의정서 인준 국가는 이산화탄소를 비롯한 6종의 온실가스 배출량에 대한 감축의무를 지게 된다. 1997년 12월 일본 교토에서 개최된 지구온난화 방지 교토 회의(COP3) 제3차 당사국 총회에서 채택되었고, 2005년 2월 16일 발효되었다. 정식 명칭은 기후 변화에 관한 「국제연합 규약의 교토의정서(Koyto Protocol to the United Nations Framework Convention on Climate Change)」이다. 교토의정서에는 온실가스 감축 의무 관련 사항뿐만 아니라 온실가스 감축에 따른 비용과 파급효과를 최소화하기 위한 수단으로 배출권거래제, 공동이행, 청정개발체제 등의 교토메커니즘이 제시되어 있다.

옵셋 프로젝트(offset project)

교토의정서에 따른 온실가스 감축 의무가 없는 기업체나 정부, 개인들이 온실가스 감축사업을 통해 획득한 탄소배출권인 옵셋(offset)을 얻기 위한 온실가스 감축사업을 옵셋 프로젝트라 한다. 옵셋 또는 자발적 감축량은 품질기준이 표준화되어 있지 않고, 의무이행 시장과의 상호거래가 허용되지 않기 때문에 의무이행 시장과 분리된 자발적 시장에서 거래된다.

탄소배출권거래제(Emission Trading Scheme)

탄소배출권을 의무적 또는 자발적 탄소시장에서 거래하는 제도이다. 온실가스 감축 의무가 있는 기업이 할당량을 초과 배출한 경우 탄소시장에서 배출권을 구매하여 할당목표를 달성할 수 있고, 실제 배출량이 할당량보다 적은 기업은 잉여 배출권을 판매하여 경제적 이익을 얻을 수 있다. 탄소세 등의 직접 규제보다 저렴한 비용으로 탄소 감축 목표를 달성할 수 있는 제도로 평가된다.

탄소발자국(Carbon footprint)

개인 또는 단체가 직·간접적으로 발생시키는 온실가스의 총량을 이산화탄소를 기준으로 나타낸 지표이다.

제 7 장

식량주권은 국가안보다

'식량주권 확립'
절실하다 (농민신문 2008. 8. 27)

2007년 봄부터 1년 넘게 천정부지로 오르던 국제곡물가격이 최근 하향 안정세를 보이기 시작했다. 그간 기대 이상의 수익을 실현한 국제투기자본이 상품시장을 빠져나간 것이 주요인이라고 분석된다. 곡물가격 급등에 의한 수요 감소도 일정한 역할을 했을 것이다.

그러나 국제곡물시장은 여전히 불안정하다. 수확기를 앞둔 대규모 수출국의 작황은 불투명하며, 기상악화나 병충해 소식은 언제라도 가격 상승의 불길을 당길 수 있다. 가격 폭등을 촉발시킨 미국과 유럽의 바이오에너지정책도 여전히 유효하다. 주요 수출국의 식량 확보를 위한 무역제한정책도 복병이 될 수 있다.

최근의 곡물가격 폭등은 식량문제에 대한 일반의 인식을 크게 바꾸어놓았다. 경제성장이 식량안보를 온전히 지켜주지 못한다는 것과 자유무역이 식량문제를 해결할 수 있다는 주장도 허구임을 이해하기 시작한 것이다. 휴대전화와 자동차 수출을 위해 농산물을 수입할 수밖에 없다던 경제관료와 경제학자들도 식량문제가 더 이상 경제적인 문제에 국한된 것이 아니라는 것을 언급하기 시작했다.

식량문제에 대한 인식의 변화는 전 세계적인 현상이다. 일본은 법으로 정해진 식량자급률 목표를 최근 상향 조정해 50%로 수정했다. 세계 식량문제의 진원지인 중국도 7월 95%의 식량자급률 목표를 천명했다.

2002년부터 7년간의 우여곡절을 거친 도하개발아젠다(DDA) 협상❶이 타결 직전 결렬되고 말았다. 개발도상국에 부여할 특별수입제한(SSM) 조치❶의 발동 요건이 핵심 쟁점이었다. 미국은 과거 3개년 대비 수입이 40% 이상 증가할 경우 수입을 제한하기 위한 긴급관세를 부과할 수 있도록 하자는 데 반해, 인도와 중국 등 개도국은 10%를 발동 요건으로 요구했다. 얼핏 과도해 보이는 인도와 중국의 요구는 작금의 식량사태를 겪으면서 식량안보가 정권의 유지와 국가의 지속적 성장에 직결된다는 교훈에 기인했을 것이다.

최근 러시아·우크라이나 등 주요 밀 수출국들이 석유 수출을 통제하는 석유수출국기구(OPEC)와 같은 조직 결성을 구상 중이라고 한다. 세계 인구 절반의 주식인 밀의 수출을 조직적으로 통제한다면 지구촌에 미치는 충격이 석유 카르텔보다 훨씬 파괴적이고 위험하다. 문제는 이 같은 구상이 처음이 아니라는 것이다. 세계 최대의 곡물수출국인 미국·캐나다에서도 이러한 제안이 시시때때로 등장한다. 만약 러시아의 구상이 가시화된다면 식량무기화가 전 세계적인 현상이 될 것이다. 이는 상상하기조차 끔찍한 사태로 이어질 것이다.

이러한 상황에서 우리의 대응방안은 단지 식량안보를 확보하는 데 그치는 것이 아니라 식량주권 회복을 위해 노력해야 한다. 우리는 현재 식량주권을 갖고 있지 못하다. 세계무역기구(WTO)의 출범과 함께 식량생산정책과 무역정책이 무장해제되고 있기 때문이다. 우리의 의지와 전략에 의한 식량안보 유지는 불가능한 상태다. 최근의 식량사태를 겪으면서 우리는 식량문제 해결에 있어서 WTO의 한계와 무력함을 똑똑히 목격했다. WTO가 지향하는 자유무역체제는 인간의 생존과 존엄성의 근간인 식량문제를 해결해주지 못함도 확인했다. '식량수출국기구'가 논의되는 상황 하에서 국가존립과 국가경영에 최우선적으로 필요한 식량안보를 우리 스스로 지킬 수 있어야 한다. 이는 식량주권의 회복에서 비롯돼야 한다. 최근 식량파동을 겪으면서 얻은 교훈이다.

도하개발아젠다(DDA) 협상(Doha Development Agenda)

다자간 무역협상으로 2001년 11월 카타르 도하에서 열린 제4차 WTO 각료회의에서 출범하였다. 우루과이라운드(UR)에 이어 세계시장의 개방을 가속하기 위한 다자간 국제무역규범으로 출범 당시 2004년까지 마무리할 예정이었으나, 주요 쟁점사항에 대한 합의가 이루어지지 않아 현재까지도 논의가 진행 중이다. 도하개발아젠다는 일괄타결방식(Single undertaking)으로 전체 협상을 진행하며, 기간 내 타결이 이루어지면 국가별로 국회 비준 등의 절차를 거쳐 시행된다.

[출처 : 시사상식사전, 박문각, 편집]

특별수입제한(SSM) 조치

UR 협상 당시 일정 상황에서 농산물에 대해 추가적인 관세를 부과하여 급격한 시장개방으로 인한 자국 산업의 피해를 방지할 수 있도록 인정한 제도이다. WTO 농업협정 제5조에 의하면 미리 정해진 품목에 대하여 수입량이 정해진 기준을 초과하거나 수입가격이 정해진 수준을 미달한 경우 회원국은 수입 농산물에 추가 관세를 부과할 수 있다. 일반 세이프가드와 달리 국내 산업의 심각한 피해가 확인되지 않아도 수입제한조치를 발동할 수 있다.

[출처 : 외교통상용어사전]

곡물파동과 다람쥐 쳇바퀴 (농민신문 2012. 8. 13)

최근 국제 곡물시장에서 옥수수 가격이 1t당 340달러를 넘으면서 사상 최고치를 경신했다. 단 1개월 만에 50% 넘게 상승한 것이다. 미국 중서부 지역의 가뭄과 더위로 시작된 이러한 급등세는 당분간 지속될 것으로 전망된다. 옥수수 가격의 상승은 밀과 대두 등 다른 곡물가격의 상승까지 견인하고 있다. 이번 곡물파동은 사료와 식품 업계는 물론이고 물가당국을 혼돈에 빠뜨리고 있다. 과거 한번도 경험해 보지 못한 높은 가격의 향방이 전혀 점쳐지지 않기 때문이다.

사료나 식품업계는 원자재의 미래가격을 예상해 투기적으로 경영하는 것을 금기시해야 한다. 항시 곡물파동❶과 같은 급박한 상황이 닥쳤을 때를 대비하고 충격을 완화시켜야 한다. 그런 준비가 되지 않았을 경우 치명적 타격을 입을 수 있다는 것을 항상 명심해야 한다.

곡물파동과 같은 불확실성에 대비하는 것을 위험관리라고 한다. 물론 이러한 대비에는 비용이 든다. 일종의 보험료다. 그러나 오늘날처럼 위험과 불확실성이 큰 시대에 보험을 드는 것은 지극히 당연하다. 식량안보❶를 책임지는 정부는 물론이고, 기업도 위험을 정확하게 이해하고 상시 위험관리체계를 운영해야 한다.

그러나 현실은 전혀 그렇지 못하다.

곡물시장이 요동칠 때마다 나오는 대책은 모두 동일하고 일회성이며 정치적 구호에 그친다. 국내 생산기반 확보와 해외농업개발, 장기계약과 수입선 다변화❶, 선물시장 활용 등의 대책은 곡물파동 때마다 등장하는 단골메뉴다. 그러나 급박한 상황이 지나면 그대로 묻힌다. 곡물파동의 심각성이나 영향을 제대로 이해하지 못하기 때문이다. 식량위기는 몰라서가 아니라 무책임에서 오는 것이다.

최근 우리가 경험하고 있는 애그플레이션❶은 과거의 일회성 곡물파동과는 다르다. 1970년대 이후 30년 동안 우리는 네차례의 곡물파동을 겪었다. 과거의 곡물파동은 대부분 냉해나 가뭄 등에 의한 일시적인 수급불균형에 기인했고, 이는 재배면적의 증가와 수요대체, 정책 개입으로 수개월 내지 1년 이내에 원상 복귀됐다. 그러나 2006년 봄부터 시작한 곡물가격의 상승세는 6년이 지난 지금도 현재 진행형이다. 이는 과거의 경험에 비춰 보면 매우 이례적이다.

2005년 미국의 바이오에너지 정책에서 촉발한 애그플레이션은 기후변화와 맞물려 구조적이며 만성적인 식량위기를 시사한다. 구조적이라 함은 단기적이고 일시적인 것이 아니라 장기적이고 체계적임을 의미한다. 기상재해로 인해 생산 차질이 더욱 빈번해지는 반면, 재배면적의 제약과 생산기술의 정체, 부족한 수자원 등으로 초과수요에 대한 즉각적인 대응은 어려워지고 있다. 여기에 금융시장의 불확실성이 투기적 자본을 지속적으로 상품시장으로 유인하고 있다. 거시경제적 변화가 구조적인 문제로 고착화될 경우 국제 곡물시장은 장기적으로 더욱 복잡하고 불안정한 모습을 보일 것이다.

애그플레이션은 다양한 요인들이 동시에 작동하는 전대미문의 사건이다. 그러나 우연히 발생한 사건이라기보다는 잘못된 에너지 정책과 무책임한 식량정책, 그리고 기후변화의 결과물이다. 문제의 심각성을 인식하고 원인을 정확하게 분석하는 한편, 전 지구적 협력체계를 구축하는 노력이 필요하다. 무엇보다 정부와 국민들의 식량문제에 대한 정확한 인식이 필요하다. 식량문제는 평균적인 상황을 지향하는 것이 아니라 최악의 상황에서도 식량안보를 지킬 수 있는 안전우선원칙(safety-first principle)을 통해 접근해야 한다.

곡물파동(Food crisis)

심각한 곡물 부족으로 곡물가격이 급등하는 현상을 말한다. 2006~2008년 애그플레이션 이전까지 곡물파동의 주요 원인은 주요 곡물 수출국의 기상이변(가뭄·홍수·냉해·이상고온 현상 등) 등 공급측 요인이었다. 그러나 애그플레이션 당시의 곡물파동은 공급측 요인에서 발생한 일시적 현상이 아니라 수급을 결정하는 소비자 선호나 기술정체, 제도적 요인 등에 의한 복합적·구조적·장기적인 현상이었다.

식량안보(Food security)

국가나 행위자의 존립을 위한 적정 수준의 식량 확보의 중요성을 강조한 개념으로 다양하게 정의된다. 세계보건기구(WHO)는 "모든 사람이 언제나 건강하고 활동적인 생활을 영위할 수 있도록 충분하고 안전하고 영양적인 음식에 접근할 수 있는 경우"로 정의하고, 국제연합식량농업기구(FAO)는 "모든 사람이 언제나 건강하고 활동적인 생활을 위해 충분하고 안전하고 영양적인 음식에 접근할 수 있는 물리적·사회적·경제적 접근이 가능한 경우"로 정의한다. 식량안보 측면에서 안전이나 영양이 중요한 요소이지만 이를 정량적으로 측정하기 어렵다는 한계가 있다. 2009년 Pinstrup-Andersen는 "국가가 영양학적으로 요구되는 열량을 충족시키기 위해 충분한 음식에 접근할 수 있는 능력을 갖는 경우"를 식량안보 개념으로 파악하고 있는데 정량적 평가가 가능하다는 장점이 있다. 저자는 Pinstrup-Andersen의 개념을 참고하여 식량안보 상황을 정량적으로 측정할 수 있는 국가식량안보지수(NFSI; National Food Security Index)를 개발하였다. NFSI는 저자의 홈페이지(http://sryang.korea.ac.kr) 식량안보 자료실에서 볼 수 있다.

[출처 : 양승룡·김원용, 2014]

장기계약과 수입선의 다변화

장기계약은 수입 곡물의 안정적인 확보를 위하여 수입 거래기간을 장기로 설정하여 지속적인 수입선을 확보하는 방법이다. 수입선의 다변화는 곡물수입계약 체결 국가를 다양화하여 특정 수출국가의 생산이 감소하거나 기타 국내사정으로 수출이 어려울 경우 발생할 수 있는 위험을 분산시키는 방법이다.

애그플레이션(Agflation)

농업(agriculture)과 인플레이션(inflation)의 합성어로 2006~2008년에 발생한 곡물파동으로 일반 물가가 상승한 현상을 가리킨다. 영국의 경제 주간지 <이코노미스트>에서 처음 사용한 것으로 알려져 있다. 당시 곡물가격 상승의 요인은 미국의 에너지 정책에 따른 바이오에너지용 곡물 수요 증가, 개발도상국의 경제발전으로 인한 곡물 수요 증가, 중국과 인도의 육류 수요 증가로 인한 사료용 곡물 수요 증가, 주요 곡물수출국에서의 기상이변으로 인한 공급 감소 등이었다. 특히 곡물가격 상승으로 등장한 식량 무기화와 국제 투기자본의 유입 등이 곡물가격 상승을 부추겼고, 개발도상국에서는 식량폭동이 발생하기도 하였다. 애그플레이션은 식량안보 확보와 식량주권 회복의 중요성을 인식하는 계기가 되었다.

[출처 : 두산백과, 편집]

식량자원화 경쟁 우려가 현실로
최악상황 대비 안전판 마련해야

세계 인구 절반이 주식으로 하는 쌀과 또 다른 주식인 밀, 그리고 대표적 사료곡물인 옥수수 등 주요 곡물가격이 동시에 폭등하고 있다. 2006년 봄부터 시작된 농산물가격 상승세는 6년이 지난 지금도 현재 진행형이다. 미국의 투자은행 메릴린치는 이러한 농산물 가격 폭등이 세계적인 인플레이션으로 이어질 것으로 전망하고 이를 애그플레이션(Agflation)이라고 명명했다.

세계는 2006~2008년 1차에 이어 2010년부터 시작된 2차 애그플레이션을 겪고 있다. 이는 과거의 식량파동이 거의 1년을 넘지 않은 것에 비춰보면 매우 이례적이다. 각 곡물시장의 수급여건이 다름에도 국제 곡물가격이 동시에 상승하는 것도 과거와 다른 점이다. 녹색혁명❼ 이후 1972년과 1996년 두 차례에 걸쳐 발생했던 곡물파동은 이상기후에 의한 생산량 감소가 주 원인으로 일시적인 것이었다. 이에 반해 이번 식량파동은 수요 측면의 변화에 의한 수급불균형과 국제 금융시장의 지각변동에 의한 투기적 수요가 주 원인으로 모두 구조적이라는 데 문제의 심각성이 있다.

구조적이라 함은 장기적이고 체계적임을 의미한다. 소비 측면에서는 경제성장과 함께 증가하는 곡물 소비와 곡물을 원료로 하는 축산물 소비, 화석연료의 대안인 바이오에너지 정책이 장기적인 수급 불균형의 원인이다.

생산 측면에서는 극심한 기상변동에 의한 수확 감소가 더욱 빈번하게 발생하고 있다. 여기에 재배면적의 제약, 생산기술의 정체, 부족한 수자원이 초과수요에 대한 즉각적인 반응을 어렵게 한다. 이와 함께 유럽발 경제위기❶와 저금리 기조❶는 금융시장의 불확실성을 증가시키고 투기적 자본을 상품시장으로 유인하고 있다. 이러한 거시환경의 변화가 구조적인 문제로 고착화될 경우 곡물시장은 더욱 복잡하고 불안한 모습을 보일 것이다.

최근 곡물가격 폭등이 전 세계적인 현상이 되면서 식량자원화가 현실이 돼 나타나고 있다. 과점 상태에 있는 국제 시장에서 주요 수출국이 수출물량 규제나 수출세 부과 등 조치를 취하고 있는 것은 식량수입국의 입장에서 매우 불안한 현상이다. 러시아와 파키스탄 등이 특정 국가에 대한 식량 수출을 제한한 사례는 식량무기화❶의 선례가 돼 더욱 우려스럽다.

곡물파동은 식량자급률이 낮은 한국에 커다란 부담이 될 수 있으며, 특히 식량자원화가 진행될 경우 식량안보가 우려된다는 목소리가 커지고 있다. 식량위기 상황 속에서 식량안보를 강화하기 위해 우리가 취할 수 있는 방안은 크게 세 가지로 볼 수 있다.

첫째, 국내 생산기반을 유지하는 것으로 일본과 같이 식량자급률을 법제화해 정책적 기반을 마련하고 국민을 안심시키는 것이 중요하다. 또한 국내의 우량농지를 유지하고 농업소득 안정화를 통해 농업의 지속성을 유지하는 것이 필요하다. 둘째, 국제시장에서 곡물조달 능력을 제고해야 한다. 이를 위해서는 선물시장을 적극적으로 활용하고 수입선을 다변화하는 한편 장기계약을 이용해야 한다. 이와 함께 일본과 같이 국내 선물거래소에 수입옥수수 등 주요 곡물을 상장시켜 국내 사료생산자나 무역업자가 가격위험을 관리할 수 있는 제도적 장치를 마련하는 것도 필요하다. 셋째, 해외식량자원 개발로 해외농장 개발과 국제 농기업에의 투자, 농업펀드❶를 통한 간접투자를 포함할 수 있다.

이러한 과제는 적절한 제도와 충분한 기금, 그리고 전문적 인력을 필요로 한다. 그러나 무엇보다도 정부와 국민의 식량문제에 대한 정확한 인식이 필요하다. 식량문제는 평균적인 상황에 대비하는 것이 아니라 최악의 상황에서도 식량안보를 지킬 수 있는 안전우선원칙을 통해 접근해야 한다.

녹색혁명

농업 분야에서 20세기 후반 이후 활발해진 작물의 품종개량 등 새로운 농업기술을 도입함으로써 식량 생산량이 획기적으로 증가한 현상을 지칭한다. 1944년 미국의 지원을 받아 멕시코에서 밀 생산량이 획기적으로 증가한 것이 그 시초이며, 1960년대 이후 미국을 중심으로 품종개량 등의 관련 연구가 활발히 진행되고, 식량 부족에 직면한 개발도상국들이 적극적으로 이 기술을 도입하면서 세계적으로 농업 생산량이 획기적으로 증가하였다. 이 변화는 농업 생산량의 증가를 가져온 동시에 관개 시설의 확장, 잡종 씨앗의 배포, 화학 비료 및 농약의 사용 확대를 가져왔다.

[출처 : 위키백과, 편집]

유럽발 경제위기

2010년 초 남유럽 국가들에 대한 집단적인 신용등급 강등, 그리스의 구제금융 신청 등으로 촉발된 유럽의 재정위기에 따른 글로벌 경제위기를 말한다. 2008년 미국 서브프라임 사태 이후 확산된 글로벌 금융위기의 여파로 EU 경제는 2008년 하반기부터 마이너스 성장을 기록하였다. 초기 독일, 프랑스 등 주요 EU 회원국과 EU 집행위원회는 유럽의 경기침체를 관리할 수 있는 수준으로 인식했으나, 2010년 4월 그리스가 재정위기로 구제금융을 신청한 후 아일랜드·포르투갈이 이어서 유럽의 재정위기가 심각한 상황으로 발전했고, 이후 스페인과 이탈리아로 확산되었다.

저금리 기조

글로벌 금융위기가 지속되는 가운데 국제 경기가 불황으로 이어질 것으로 예상하여 주요 국가들의 금리를 낮게 유지하려는 경향을 말한다.

식량무기화

2006~2008년 애그플레이션 당시 식량 수출국의 수출 제한이 수입국의 식량 안보를 위협하는 현상이다. 곡물가격이 급등한 상황에서 러시아·아르헨티나·인 도·중국·호주·EU 등의 주요 수출국이 식량수출을 제한함으로써 식량수급에 어 려움을 겪게 된 개발도상국에서 항의 시위가 발생했고, 일부 국가에서는 식량폭 동으로까지 확산되었다.

농업펀드

농림수산식품산업에 대한 투자 촉진과 규모화 및 경쟁력 강화를 위하여 농림수 산식품경영체에 투자할 목적으로 조성된 펀드이다. 정부는 2010년 농림수산식 품모태펀드를 결성하여 운용하고, 정부 출자금과 민간자본을 결합하는 방식으 로 2014년 12월 31일을 기준으로 5,490억 원 규모의 펀드가 조성되었다.

식량문제가 다시 세상의 질서를 바꾸고 있다. 1950년대 시작된 녹색혁명은 인류 역사상 가장 풍족한 식량시대를 열었으나, 비료와 농약·성장제 등 화학농법❷에 힘입은 녹색혁명은 오늘날 식량문제의 주범이 되었다. 화학농법은 토양의 자생력을 훼손할 뿐만 아니라 생산구조의 양극화를 불러왔다. 대농 위주의 생산양식은 필연적으로 수익성에 바탕을 둔 생산집중을 가져오고, 이는 기후와 병충해에 취약한 생산구조로 고착화했다.

녹색혁명에 의한 증산은 무엇보다 저렴한 동물성 단백질의 공급을 통해 식품소비 패턴을 근본적으로 바꾸었으며, 이는 오늘날 우리가 맞닥뜨린 식량문제의 근본적인 이유이다. 식량을 생산하고 소비하는 기존의 패턴을 바꾸지 않는 한 식량문제는 해결되기 어렵다.

식량자급률 25%의 우리나라도 곡물가격 급등으로 식량안보가 취약해지기 시작하였다. 특히 양극화가 심해지면서 저소득층의 식량 접근성이 더욱 악화되어 정치적 문제로 번질 가능성도 있다. 정책당국에서는 농산물 가격 상승으로 인한 인플레를 잡기 위해 다각적인 노력을 기울이고 있다. 그러나 이러한 노력이 선언적이고 일시적인 구호에 그치는 기존의 행태를 답습하고 있어 답답하다.

식량문제의 해법으로 무엇보다 식량위기 정도를 정확히 인식하고

범국가적 대책을 수립할 수 있는 식량 조기경보시스템❶의 개발이
우선되어야 한다. 2008년 애그플레이션 당시에도 여러 전문가들
이 조기경보체계 도입을 제시하였으나 여전히 가시적인 결과가 나
타나지 않고 있다.

작금의 식량문제는 곡물 수급의 구조적 불균형에 기인한다. 과도
한 영양섭취와 비효율적 식품소비행태, 비현실적인 바이오에너지
정책, 대농 위주의 생산구조 등은 언제든지 식량문제를 일으킬 수 있
는 구조적 요인이며, 따라서 지속적이다. 일시적 대응책이나 요행
을 바라는 정책으로는 구조적 식량문제에 근본적으로 대처할 수 없
다. 식량안보가 걸린 문제이기 때문이다.

화학농법

농약이나 화학비료를 사용하여 작물을 재배하는 농법으로 해충을 방지하고 식물의 생장을 향상시켜 생산량 증가에 기여하였다. 그러나 인체의 유해성 논란과 심각한 토양 오염을 일으키면서 유기농법 등의 대안적 농법에 대한 관심이 대두되었다.

[출처 : 시사상식사전, 박문각, 편집]

식량 조기경보시스템

식량위기 상황을 사전에 감지하고 대응할 수 있는 체계적이고 종합적인 위기대응시스템을 말한다. 한국에서는 한국농촌경제연구원, 삼성경제연구소, 고려대학교 등의 기관에서 식량 조기경보시스템을 제안한 바 있다. 저자는 국가식량안보지수(NFSI)를 개발하고 이를 이용하여 식량위기 상황을 3단계로 설정한 조기경보시스템을 제안하였다. 자세한 사항은 저자의 홈페이지(http://sryang.korea.ac.kr) 식량안보 자료실에서 확인할 수 있다.

쌀 관세화 개방,
방심은 금물이다 (농민신문 2014. 10. 29)

세계무역기구(WTO) 출범 이후 20년에 걸친 관세화 유예 끝에 쌀산업이 전면 개방의 수순을 밟고 있다. 정부는 관세 513%에 그간 관세화 유예 과정에서 허용했던 의무수입물량(TRQ)의 국가별 할당과 밥쌀용으로 30%를 수입해야 하는 용도별 배정을 철회하는 방식으로 2015년 1월부터 쌀시장을 전면 개방할 것을 WTO 사무국에 통보했다.

이에 따라 한국농업의 중심축인 쌀산업이 전 세계 농가와 무한경쟁 상태에 돌입하게 됐다. 그러나 정부는 수입가격의 5배가 넘는 고율관세에 수입이 급증할 경우 추가로 관세를 부과할 수 있는 특별긴급관세(SSG)❶가 있기 때문에 쌀 수입으로 인한 국내산업의 피해는 거의 없을 것이라고 농업인들을 설득하고 있다.

농림축산식품부는 최근 국제 쌀값과 환율을 기준으로 513% 관세를 부과할 경우 수입쌀 가격이 80㎏당 27만 7,000원에서 52만 2,000원이 되어 산지가격 17만 4,871원보다 높기 때문에 TRQ❷ 이외의 물량이 수입될 가능성이 미미하다고 주장하고 있다. 민간연구소인 GS&J 인스티튜트도 국제 쌀 가격의 상승추세를 고려할 때 향후 10년간 추가수입 가능성이 거의 없다고 분석하고 있다.

그러나 이러한 주장의 문제는 평균적인 분석에 의존하고 있다는 것이다. 국제가격에 환율과 관세·제비용을 적용한 수입쌀 공매가격을 국내 산지가격과 단순 비교해 수입가능성이 없다고 분석하는 것은 분포의 의미를 간과하는 것이다. 평균이란 다양한 대안(수입가격) 중 가장 가능성이 높은 경우를 의미하는 것에 지나지 않는다. 이는 역으로 평균 이외의 대안도 얼마든지 가능하며 실질적인 위험은 평균 이외의 상태, 즉 평균보다 낮은 가격에서의 수입 가능성에서 발생한다.

연속적으로 풍작을 기록한 지난 2년간 국내 모 대형마트에서 판매된 161개 브랜드 쌀의 소매가격은 평균 26만원, 최고 54만원에 이른다. 이는 국영무역 형태로 TRQ 물량을 수입한 사례를 근거로 미국산 쌀의 경쟁력을 과소평가하는 것이 위험할 수 있다는 것을 의미한다.

캘리포니아 쌀 농가의 생산비에 각 유통단계별 마진과 관세를 고려해 추정한 국내 공급가능 소매가격은 가장 생산비가 싼 농가들의 경우 26만원, 평균농가의 경우도 32만원에 지나지 않는다. 국내산 브랜드의 14%(22개)가 수입 쌀 평균가격보다 비싼 값에 팔리고 있으며, 캘리포니아 최저생산비 농가의 소매가격보다 비싼 브랜드가 40%(65개)에 이른다. 국내산을 선호하는 국산프리미엄 20%를 적용하더라도 상당수의 브랜드가 공급가능 소매가격보다 더 비싼 가격에 팔리고 있다.

미국산 쌀은 국내 대형마트에서 잠재적 경쟁력을 가지고 있으며, 미국의 마케팅 능력을 고려하면 상당한 시장점유율도 가능해 보인다. 한국시장을 공략하기 위해 미국 수출업자들은 하이엔드(고급) 시장을 대상으로 초기에는 저가격을 설정해 시장점유율을 높이고, 시장점유율을 확보하고 난 후에는 점차 가격을 높여나가는 '시장침투 가격전략(market penetration pricing)'을 비롯해 '1+1'이나 '끼워팔기(BOGO)', '가격할인 쿠폰', '샘플증정', '시식회', '광고' 등 다양한 판촉 전략을 구사할 것으로 예상된다. 광우병 파동을 겪은 미국산 쇠고기 시장점유율이 2013년 물량기준 37%, 금액기준은 이보다 높은 42%를 기록하고 있는 점을 눈여겨봐야 한다. 중국의 경우도 미국보다 더 낮은 비용으로 생산하는 농가가 훨씬 더 많음을 간과해서는 안 될 것이다.

우리 쌀산업은 관세라는 우산 하나만 주어진 채 비바람 치는 들판에 내던져졌다. 5년이나 10년 후가 아니라 50년, 100년 후의 쌀산업과 식량안보를 고려해 좀 더 치밀한 분석과 대비가 있어야 할 것이다. 요즘 같은 불확실성의 시대에는 돌다리도 두드려서 건너야 한다. 하물며 쌀은 아무리 두드려도 지나치지 않다.

특별긴급관세(SSG; Special Safeguards)

농산물 시장개방으로 인한 급격한 수입 증가를 억제하기 위해 WTO협정에서 허용한 농업보호 장치이다. UR 협상에서는 수입이 제한되었던 농산물도 예외 없이 수입을 자유화하기로 했으나, 111개 품목에 대해 국내외 가격차이만큼 국내외가격차상당세율(TE; tariff equivalent)을 부과할 수 있도록 했다. TE 품목의 농산물 수입이 급격히 증가하거나 국제가격이 하락할 경우 추가로 부과할 수 있는 고율의 관세가 특별긴급관세이다.

[출처 : 매일경제, 편집]

TRQ(저율관세할당; Tariff Rate Quotas)

사전에 정해진 수입 물량(양허된 시장접근물량)에 대해서는 무관세나 저율의 관세를 부과하고, 이를 초과하는 물량에 높은 관세를 부과하는 일종의 이중관세제도를 말한다. 저율관세할당은 저율관세할당 물량, 관세율 쿼터, 시장접근물량 등으로 불리기도 한다. 일반적으로 저율관세할당은 계절관세와 더불어 자국 농산물을 보호하기 위한 조치로 알려져 있다.

[출처 : 기획재정부, 대한민국정부]

용어해설 색인

칼럼 리스트

4장　꿈을 주는 희망농정

양승룡 교수의
희망농업 콘서트

인 쇄 일	2016년 3월 18일
발 행 일	2016년 3월 25일

지 은 이	양승룡
펴 낸 이	임승한

마 케 팅	김춘안 조동권 황의성
교 정	김명옥
디자인·인쇄	삼보아트

펴 낸 곳	책넝쿨
출판등록	제25100-2015-0000009호
주 소	서울시 강동구 고덕로 262
전 화	02) 3703-6136
팩 스	02) 3703-6213
홈페이지	www.nongmin.com

@책넝쿨 2016
ISBN 979-11-86959-03-9 (03520)
이 도서의 국립중앙도서관 출판예정도서목록(CIP)은 서지정보유통
지원시스템 홈페이지(http://seoji.nl.go.kr)와 국가자료공동목록시스템
(http://nl.go.kr/kolisnet)에서 이용하실 수 있습니다.
(CIP 제어번호 : CIP2016007104)